AM PULS DER ERDE
NATURKATASTROPHEN VERSTEHEN

Das vorliegende Werk wurde sorgfältig erarbeitet. Dennoch übernehmen Autoren, Herausgeber und Verlag für die Richtigkeit von Angaben, Hinweisen sowie für eventuelle Druckfehler keine Haftung.

Titelbild: Ausbruch des Vulkans Kilauea auf Hawaii. Lavaströme ergiessen sich ins Meer, eine Dampfwolke zieht in der Morgendämmerung hinaus auf den Pazifik.

Alle Rechte, auch die des auszugsweisen Nachdrucks, insbesondere der Vervielfältigung, der Einspeicherung und Verarbeitung in elektronischen Systemen, sowie der fotomechanischen Wiedergabe und Übersetzung, vorbehalten.

ISBN 978-3-529-05437-2

Printed in Germany
© 2013 Wachholtz Verlag und Herausgeber
www.wachholtz-verlag.de

AM PULS DER ERDE
NATURKATASTROPHEN VERSTEHEN

Herausgeber:

Peter Linke   Sarah Zierul   Birte Friedländer   Bernd Grundmann

Wachholtz

INHALT

VORWORT	8
BETEILIGTE / NACHTRAG	192
IMPRESSUM / SPONSOREN	196

ÜBERBLICK - AM PULS DER ERDE — 10

Wo drohen Tsunamis? Lassen sich Erdbeben vorhersagen? Wie verändern Vulkanausbrüche das Klima? Fragen wie diesen ging elf Jahre lang ein Forscherverbund der Christian-Albrechts-Universität zu Kiel und des GEOMAR I Helmholtz-Zentrums für Ozeanforschung Kiel nach: der Sonderforschungsbereich 574 „Volatile und Fluide in Subduktionszonen: Klimarückkopplungen und Auslösemechanismen von Naturkatastrophen". Kaj Hoernle schildert Ziele, Abenteuer und Ergebnisse des Großprojekts.

ERDBEBEN - WENN DER BODEN ZITTERT — 32

„Die Zerstörungen und Todesopfer, die Erdbeben häufig fordern, rufen uns in Erinnerung, was das eigentliche Ziel aller Forschung ist: den Menschen zu helfen." Ivonne Arroyo, Yvonne Dzierma und ihre Kollegen haben die Ursachen schwerer bis kaum spürbarer Erdbeben erforscht; mit Expeditionen in Dschungelgebiete, auf Berge und in die Tiefsee. Sie fanden heraus, was Beben über die Bewegung der Erdplatten verraten und weshalb sie an Plattengrenzen so oft zu Katastrophen führen.

TSUNAMIS - DIE UNTERSCHÄTZTE GEFAHR — 52

Riesige Flutwellen, auch Tsunamis genannt, können nach schweren Seebeben entstehen – oder nach Hangrutschungen am Meeresboden. Wenn im Ozean gewaltige Erdmassen abrutschen, hat das oft verheerende Folgen an Land. Dennoch sind unterseeische Rutschungen ein lange Zeit kaum untersuchtes und weithin unterschätztes Phänomen. Eine Forschergruppe um den Geologen und Geophysiker David Völker ist ihm in verschiedenen Gebieten der Weltmeere auf den Grund gegangen.

WASSER - DER BLICK DER SCHLANGE — 72

Wie spürt man etwas auf, das für Vulkane, Erdbeben und die Plattenverschiebungen eine zentrale Rolle spielt, sich aber im Erdinneren abspielt, in zig Kilometern Tiefe? Das Team um Tamara Worzewski entwickelte Messtechniken, die den Fähigkeiten einer Schlange ähneln – und für deren Verständnis die Fernsehserie „Big Bang Theory" hilfreich sein kann. Ihre elektromagnetischen Methoden suchen weltweit ihresgleichen und machen Wasserwege durch die Erdplatten sichtbar.

TIEFSEE - OASEN DES LEBENS 88

Es ist eine dunkle, kalte und unwirtliche Welt – doch Peter Linke und sein Team sind in der Tiefsee auf Oasen des Lebens gestoßen. Während wochenlanger Ausfahrten auf Forschungsschiffen haben sie Hunderte kalte Quellen am Meeresboden untersucht. Mit jedem Tauchgang fanden sie neue, kaum erforschte Tierarten und entdeckten, was die Oasen speist, welche Rolle dort austretende Gase spielen und wie die Aktivität der Sickerstellen mit der globalen Plattentektonik zusammenhängt.

METHAN - NAHRUNGSQUELLE UND KLIMAKILLER? 110

Sie bilden die Grundlage für vielfältige Lebensgemeinschaften am Meeresboden, gelten aber auch als potenzielle Klimakiller und Tsunami-Auslöser: Methanhydrate. Welche Gefahren wirklich von Methanquellen in der Tiefsee ausgehen, haben Tina Treude, Volker Liebetrau und ihre Kollegen untersucht. Dabei stießen sie auf komplexe biologische und chemische Prozesse, die die Ozeane seit Jahrmillionen prägen und in engem Wechselspiel mit der Nahrungskette und dem Weltklima stehen.

VULKANE - SPURENSUCHE AM TATORT 130

Vulkanforschung ist Detektivarbeit. Herauszufinden, was Vulkane antreibt, welche besonders explosiv sind, wie stark frühere Ausbrüche waren und wo neue Eruptionen drohen – dafür sind Forscher um Steffen Kutterolf und Heidi Wehrmann auf Spurensuche gegangen. Sie erklommen Gipfel in Süd- und Mittelamerika und zogen Bohrkerne aus der Tiefsee. Ihre Indizien helfen dabei, Ablauf und Folgen hunderter Ausbrüche aufzuklären – und mit neuen Vulkankatastrophen besser umzugehen.

KLIMA - DAS JAHR OHNE SOMMER 154

Ohne sie wären weder der Roman „Frankenstein" entstanden noch das Gemälde „Der Schrei" von Edvard Munch: Vulkanausbrüche, die so stark sind, dass sie das Klima beeinflussen. Seit Jahrmillionen kommt es immer wieder zu solchen Eruptionen. Sie lösten Hungersnöte aus und sorgten für „Jahre ohne Sommer". Wie Vulkane auf die Atmosphäre und die Ozeane wirken und was heute nach einer extrem starken Eruption passieren würde, haben Meteorologen um Kirstin Krüger herausgefunden.

ERDPLATTEN - DER LEBENDIGE PLANET 172

Nichts auf der Erde ist statisch, alles wird und vergeht – auch die Erdplatten selbst. Welche Folgen das an Plattengrenzen und Subduktionszonen hat und welche Rolle Ozeanwasser, Gase und Gesteine dabei spielen, haben Lars Rüpke und sein Team mit komplexen Computersimulationen ermittelt. Ihre Modelle verraten auch, wie sich die Erdplatten in Zukunft verändern werden. Aus vielen Einzelaspekten fügen sie ein Gesamtbild zusammen, das den „Puls der Erde" spürbar werden lässt.

„ EIN VORWORT VON FRANK SCHÄTZING

Als am 11. März 2011 in Japan die Erde bebte und ein verheerender Tsunami Ortschaften und Atomanlagen entlang der Küste zerstörte, machte der Planet, auf dem wir leben, uns wieder einmal klar: Er sieht nur aus dem Weltall betrachtet ruhig und friedlich aus. Unter seiner dünnen Oberfläche hingegen brodelt es. Der heiße Erdkern treibt die Erdplatten an, lässt Ozeanrücken aufreißen und Plattengrenzen kollidieren. Die Folgen kennen wir: Gebirgsmassive stauen sich auf, Tiefseegräben entstehen, Vulkane brechen aus und Erdbeben erschüttern unsere Lebensgrundlage.

Umso erstaunlicher, dass in der Wissenschaft noch längst nicht alles über diese Phänomene bekannt ist. Die groben Mechanismen sind natürlich verstanden – doch es wurde höchste Zeit, den „Puls der Erde" genauer zu fühlen. Um vorbereitet zu sein, wenn wieder etwas passiert. Und um unseren Wohnort Erde besser zu verstehen.

Eine solche Aufgabe kam den Forscherinnen und Forschern, deren Arbeit in diesem Buch vorgestellt wird, wie gerufen. Sie krempelten die Ärmel hoch und reisten rund um die Welt, um dem pulsierenden Planeten auf die Spur zu kommen. Was und wie sie von ihren Forschungsfahrten berichten, ist ansteckend: Weil sie vor Begeisterung und neuem Wissen nur so sprudeln und ihre atemberaubenden Erlebnisse während dieses elfjährigen Projekts wie ein Film vor dem Leser ablaufen.

Sie haben Wochen und Monate auf Forschungsschiffen und in den Vulkangebieten der Anden sowie Mittelamerikas verbracht. Sie haben Messgeräte im Ozean versenkt, Langzeitsonden im Dschungel installiert und Gesteinsbrocken von Vulkanen gesammelt – an Stellen, zu denen nie zuvor ein Mensch vorgedrungen ist. Sie haben in der Tiefsee unbekannte Lebewesen entdeckt, mit Mikrosonden Kristallstrukturen untersucht und riesige Datenmengen zu Modellen aufbereitet.

Ihre Ziele und ihre langen Wege dorthin, ihre Ängste, Hoffnungen und Visionen erleben die Forscherinnen und Forscher in diesem Buch noch einmal – und sie lassen uns daran teilhaben. Es ist die Chance, ihre Abenteuer hautnah mitzuerleben, ihre Faszination zu verstehen und ihren Mut und ihre Motivation zu spüren. Die Ergebnisse ihrer Arbeit lassen den „Puls der Erde" tatsächlich fühlbar werden. Und werden das Wissen über unseren Planeten verändern.

Frank Schätzing ist Autor des Tiefsee-Thrillers und Bestsellers „Der Schwarm" und Preisträger des Deutsche Bank / GEOMAR Meerespreises 2011.

EINLEITUNG

„ VON ABENTEUERN, RÜCKSCHLÄGEN UND ERFOLGSERLEBNISSEN
BERICHTET DER SPRECHER DES SONDERFORSCHUNGSBEREICHS
KAJ HOERNLE.

AM PULS DER ERDE
HIGHLIGHTS AUS ELF JAHREN FORSCHUNGSARBEIT

Der lebendige Planet. Elf Jahre lang erforschten Kieler Wissenschaftler Vulkanausbrüche, Erdbeben und Tsunamis an den Plattengrenzen Mittel- und Südamerikas. Ihre Erkenntnisse lassen sich auf viele Regionen der Erde übertragen. Sie helfen dabei, Ursachen und Abläufe von Naturkatastrophen besser zu verstehen und ihren Folgen vorzubeugen.

Das Vorhaben ist ehrgeizig: Eine Wissenschaftlergruppe aus Kiel will untersuchen, wie es zu Vulkanausbrüchen, Erdbeben und Tsunamis kommt und welchen Einfluss vulkanische Gase auf das Klima haben. Sie wollen die stärksten Naturkatastrophen der Welt besser verstehen und den Menschen in den betroffenen Regionen helfen, Vorsorge für den Ernstfall zu treffen.

Im Jahr 2001 ist es soweit. Der Startschuss für ein elf Jahre währendes Großprojekt fällt, in dessen Rahmen die Wissenschaftler nicht nur neue Technik entwickeln und zahlreiche Fachpublikationen veröffentlichen werden. Sie erkunden bei ihren Expeditionen auch Berggipfel in Tausenden Metern Höhe und Meeresgründe in Tausenden Metern Tiefe. In ihren Untersuchungsgebieten in Süd- und Mittelamerika bereisen sie die letzten unerforschten Grenzen des Planeten – in der Hoffnung, dem „Puls der Erde" auf die Spur zu kommen: zu entdecken, was ihn treibt und zu erfühlen, wie er

Und sie bewegen sich doch! Die Entdeckung der Plattentektonik revolutionierte die Wissenschaft. Der Meteorologe, Polar- und Geowissenschaftler Alfred Wegener stellte 1915 die zunächst umstrittene Theorie der Kontinentalverschiebungen auf. Erst in den 1960er Jahren bewiesen Untersuchungen der Mittelozeanischen Rücken, dass die Erdplatten tatsächlich in ständiger Bewegung sind.

schlägt. An den sogenannten Subduktionszonen – dort, wo eine Erdplatte unter eine andere abtaucht – entstehen die weltweit stärksten Erdbeben, explosivsten Vulkanausbrüche und größten Tsunamis. Welche Prozesse dabei genau ablaufen, war lange Zeit unbekannt. Nun haben Kieler Geologen, Geophysiker, Biologen, Meteorologen, Geografen und Mineralogen sie untersucht und die Entstehung, Abläufe und Auswirkungen von Naturkatastrophen gemeinsam unter die Lupe genommen.

Ihre Ergebnisse präsentieren die Forscher in diesem Buch erstmals einer breiten Öffentlichkeit. Insgesamt 118 Wissenschaftler der Christian-Albrechts-Universität zu Kiel und des heutigen GEOMAR | Helmholtz-Zentrums für Ozeanforschung Kiel waren an dem Großprojekt beteiligt, sowie ihre Kooperationspartner aus Argentinien, Chile, Costa Rica, Nicaragua, El Salvador, Honduras und Guatemala.

Das Projekt wurde als Sonderforschungsbereich (SFB) 574 von der Deutschen Forschungsgemeinschaft mit insgesamt 20,4 Millionen Euro gefördert und erhielt den Namen „Volatile und Fluide in Subduktionszonen: Klimarückkopplungen und Auslösemechanismen von Naturkatastrophen". Von Abenteuern, Rückschlägen und Erfolgserlebnissen während der jahrelangen Arbeit berichtet der Sprecher des Sonderforschungsbereichs Kaj Hoernle. Er ist Vulkanologe, Petrologe und Geochemiker am GEOMAR | Helmholtz-Zentrum für Ozeanforschung Kiel.

„ DAS INTERVIEW MIT KAJ HOERNLE
VULKANOLOGE, PETROLOGE UND GEOCHEMIKER

Vulkane im Nationalpark Bromo-Tengger-Semeru in Indonesien. An Subduktionszonen, wo eine Erdplatte unter eine andere abtaucht, sind Ausbrüche oft besonders explosiv – für Menschen kann das katastrophale Folgen haben. Wie Vulkanausbrüche entstehen, wie sich Unglücke vermeiden lassen und wie Eruptionen das globale Klima beeinflussen, haben die Kieler Forscher untersucht.

Das Ziel Ihres Forschungsprojekts war hoch gesteckt: Sie wollten die Auslösemechanismen von Naturkatastrophen wie Erdbeben, Tsunamis und Vulkanausbrüchen besser verstehen. Haben Sie erreicht, was Sie sich vorgenommen hatten?
Ja. Wir wissen nun weit mehr über die Zusammenhänge von Erdbeben und Vulkanausbrüchen, Tsunamis und Hangrutschungen als vorher. Auch die ihnen zu Grunde liegenden Prozesse kennen wir nun genauer. Wir wissen, welche Faktoren für die Entstehung solcher Naturkatastrophen eine Rolle spielen, was sie stark oder schwach ausfallen lässt und welche Auswirkungen bei Vulkanausbrüchen entweichende Gase auf das Klima haben können. So umfassend wie in diesem Sonderforschungsbereich wurden die Abläufe an Subduktionszonen vorher noch nie in einem Forschungsprojekt untersucht.

Waren Sie überrascht über Ihre Ergebnisse?
Etliche unserer Annahmen wurden bestätigt, aber es gab auch vieles, mit dem wir nicht gerechnet haben. Zum Beispiel haben wir neue Hinweise für mögliche Erdbeben-Frühwarnsysteme. Bisher werden Menschen von Erdbeben meist überrascht, mit oft katastrophalen Folgen. Wir vermuten nun, dass sich starke Erdbeben an Vulkanen frühzeitig ankündigen könnten.

Das müssen Sie erklären.
Dazu muss ich ein wenig ausholen: Charles Darwin erlebte 1835 in Chile ein großes Erdbeben, gleich danach brachen mehrere Vulkane aus. Er hat als erster postuliert, dass es einen Zusammenhang zwischen beiden Phänomenen gibt. Wir sind dem nachgegangen und haben dabei noch einen anderen Zusammenhang entdeckt. Während unserer Arbeiten in Chile bebte die Erde im Februar 2010 erneut stark. Bei diesem Maule-Erdbeben mit einer Magnitude von 8,8 entdeckten wir Erstaunliches. Etwa eine Woche zuvor stieß der ein Stück weiter südlich gelegene Villarrica – einer der aktivsten Vulkane Südamerikas – plötzlich mehr Schwefel aus als sonst. Erdbeben passieren, wenn sich im Erdinneren Stress aufgebaut hat und sich plötzlich entlädt. Der Vulkan oder das vulkanische System scheint auf diese Prozesse reagiert zu haben – schon bevor das Beben passierte. Der Ablauf war also genau andersrum als bei Darwin.

Hatte man diesen Zusammenhang bislang einfach übersehen?
Dass Erdbeben Vulkanausbrüche auslösen können, ist inzwischen weithin anerkannt, damit hatte Darwin Recht. Aber dass auch ein Vulkan ein Erdbeben ankündigen kann, das wäre neu und für die Wissenschaft eine bahnbrechende Erkenntnis. Vielleicht war die bisher einmalige Beobachtung 2010 aber auch ein Zufall. Wir müssen Erdbeben und Vulkane kontinuierlich überwachen, um zu sehen, ob sich die Beobachtungen bei künftigen Ereignissen wiederholen. Genau das werden wir hier am GEOMAR gemeinsam mit den Kollegen am Deutschen GeoForschungsZentrum Potsdam (GFZ) tun, denn

Umgestürztes, elfstöckiges Wohnhaus in der chilenischen Stadt Concepción. Das Hochhaus hat dem Erdbeben in der Region Maule am 27. Februar 2010 nicht standgehalten. Mit einer Stärke von 8,8 auf der Richterskala war es das stärkste Erdbeben in Chile seit dem verheerenden großen Beben von 1960 und weltweit das sechststärkste je gemessene Beben. Seine Ursache lag etwa 35 Kilometer tiefer, in der südamerikanischen Subduktionszone: Dort schiebt sich die Nazca-Platte unter die Südamerikanische Platte und verursacht extreme Spannungen.

> **UM SUBDUKTIONSZONEN WIRKLICH ZU VERSTEHEN, MUSS MAN BEIDE BEREICHE ABDECKEN: DEN TEIL AN LAND UND DEN IM OZEAN.**

Das Forschungsschiff „Sonne" wartet im Oktober 2010 im Hafen von Valparaíso, Chile, auf die Weiterfahrt. Ihre oft wochenlangen Ausfahrten planen die Meeresforscher Jahre im Voraus. Wenige Wochen vor der Abreise werden Ausrüstung und Meerestechnik in Container gepackt und nach Übersee verfrachtet. Dann fliegen Forscher und Techniker um die halbe Erde, um an Bord zu gehen und vom Schiff aus den Meeresboden zu erkunden.

erst dann können wir von einem systematischen Zusammenhang ausgehen.

Im Sonderforschungsbereich ging es auch um die Klimaauswirkungen von Naturkatastrophen. Inwiefern beeinflussen Erdbeben oder Vulkanausbrüche das Klima?
Das war der zweite große Schwerpunkt unserer Forschung. Wir haben vulkanische Gase – Volatile – wie Schwefel, Kohlendioxid, Methan und Halogene wie Chlor, Brom und Jod auf ihre Klimawirksamkeit hin untersucht, denn diese Stoffe werden in Subduktionszonen transportiert. Sie kommen entweder gebunden im Gestein oder als freie Flüssigkeiten – Fluide – vor. Zum Teil steigen diese Stoffe durch die Vulkane und das Meerwasser in die Atmosphäre auf und nehmen dort Einfluss auf das Klima. Bisher war jedoch nicht klar, wie groß die Gesamtmenge der Volatile ist, die an einer Subduktionszone aufsteigen – und wie stark sie das Klima beeinflussen. Doch erst wenn man diesen natürlichen Hintergrund kennt, kann man auch berechnen, wie stark der Mensch das Klima beeinflusst.

Können an Subduktionszonen denn spürbare Klimaschwankungen ausgelöst werden?
Das Stoffrecycling der Erdplatten wirkt sich permanent auf das Klima aus. Es kann sich auch kurzfristig ändern, zum Beispiel durch die Freisetzung von Methan, einem Gas, das den Treibhauseffekt massiv verstärkt. An Subduktionszonen kommt es unter anderem in gebundener Form am Meeresboden vor, in sogenannten Gashydraten. In der Erdgeschichte sind mehrfach große Mengen Methan aus den Hydraten in die Atmosphäre aufgestiegen, wodurch die Temperatur global zunahm. Wir haben die Methanvorkommen vor Chile und Mittelamerika daher umfassend untersucht. Auch sehr große Vulkanausbrüche können klimarelevant sein, wenn sich ihre Gaspartikel über Jahre in der Stratosphäre ausbreiten. Sie kühlen das Klima spürbar ab und könnten sogar Eiszeiten mit herbeigeführt haben. Auch dem sind wir nachgegangen – genau wie den Auswirkungen von Vulkanausbrüchen auf die Ozonschicht der Atmosphäre.

Während Ihres Forschungsprojekts sind weltweit eine ganze Reihe von Vulkanen ausgebrochen: der Eyjafjallajökull in Island, der Chaitén in Chile oder der Ätna auf Sizilien. Es gab zerstörerische Erdbeben und die gewaltigen Tsunamis in Südostasien im Dezember 2004 und in Japan im März 2011. Haben diese Ereignisse Sie überrascht? Oder haben sie Ihre Erwartungen bestätigt?
Unsere Forschung konzentriert sich auf Gebiete, in denen Erdbeben und Vulkanausbrüche immer wieder passieren, insofern rechnen wir damit. Aber manches war tatsächlich unerwartet, zum Beispiel die Stärke des Maule-Erdbebens im Februar 2010 in Chile. Erst 1960 hatte es in Chile ein Beben mit der weltweit größten je gemessenen Magnitude von 9,5 gegeben, das Valdivia-Beben. Dass es während unserer Arbeit gleich nördlich davon noch einmal ähnlich stark beben würde, hatten wir nicht erwartet. Vielleicht hätten wir etwas geahnt, wenn wir in der Woche davor unsere Gasmessungen an den Vulkanen ausgewertet hätten.

Wie haben Sie das Seebeben im März 2011 in Japan erlebt?
Japan liegt ebenfalls an einer Subduktionszone. Dass dort grundsätzlich so ein Erdbeben passieren könnte, war uns und den meisten Forscherkollegen bewusst. Die Frage ist stets, wann es soweit ist: morgen, in zehn Jahren oder erst in einigen hundert? Überraschender als das Beben selbst war die Stärke des resultierenden Tsunamis. Auch die Japaner hatten damit offenbar nicht gerechnet. Ihre Schutzwälle waren viel zu niedrig.

Muss man an Subduktionszonen auch in Zukunft mit solchen Mega-Beben rechnen?
Ja, wobei wir nie wissen, wann es passieren wird. Statistisch sind mehrere solche Großereignisse innerhalb kurzer Zeit eigentlich eher unwahrscheinlich. Aber rund um den Pazifik hat es in den vergangenen Jahren viele große Erdbeben gegeben, die gesamte

> **MAN KANN UNS MIT ÄRZTEN VERGLEICHEN, DIE DEM „PATIENTEN ERDE"
> DEN PULS FÜHLEN.**

Links: Höher legen! Die Kieler Forscher untersuchen einen Abschnitt der chilenischen Küste, den die Plattenbewegungen nach dem schweren Erdbeben im Februar 2010 um bis zu zwei Meter angehoben haben. Felsformationen, die zuvor am Meeresboden lagen, sind jetzt den Gezeiten des Pazifiks ausgesetzt.

Rechts: Die chilenische Flagge weht vor dem Vulkan Villarrica, mit über 50 Ausbrüchen in den vergangenen 500 Jahren einer der aktivsten Vulkane Südamerikas. Die Herkunft des Wortes „Chile" ist umstritten, möglicherweise stammt es aus dem indigenen Aymara und heißt „Land, wo die Welt zu Ende ist".

Region ist derzeit sehr aktiv.

Werden Sie genau deswegen weiterforschen? Um all das noch besser zu verstehen?
Absolut. Wir wollen vor Chile nun ein marines Netzwerk aufbauen, um tektonische Bewegungen aufzuzeichnen und die Prozesse an der Plattengrenze zu erfassen. In Nordchile hat das GFZ Potsdam ein solches Netzwerk bereits auf dem sogenannten Iquique-Segment der Subduktionszone errichtet. Dort hat es in den vergangenen 150 Jahren kein großes Beben gegeben, vermutlich steht in absehbarer Zeit eines bevor. Wir wollen an dieses Netzwerk anknüpfen. Um Subduktionszonen wirklich zu verstehen, muss man beide Bereiche abdecken: den Teil an Land und den im Ozean.

Erdbeben und Vulkanausbrüche gelten als Naturkatastrophen. Sehen Sie das auch so? Oder werden diese Phänomene nur zu Katastrophen, wenn Menschen betroffen sind?
Vulkanausbrüche und Erdbeben passieren seit Jahrmilliarden immer wieder, es sind zunächst einmal normale Prozesse. Aber natürlich ist es eine Katastrophe, wenn Menschen dadurch umkommen oder ihre Lebensgrundlage verlieren. Deshalb wollen wir diese Prozesse besser verstehen, gefährdete Gebiete erkennen und Frühwarnsysteme entwickeln. Man könnte theoretisch vorschlagen, dass niemand mehr an Subduktionszonen wohnen soll. Aber dann müssten sämtliche Küstengebiete geräumt werden, die in tektonisch aktiven Gebieten liegen – was natürlich Unsinn ist. Ich habe selbst lange in Kalifornien gelebt, trotz der Erdbebengefahr.

Wie können Schutzmaßnahmen und Frühwarnsysteme aussehen?
Nehmen wir zum Beispiel Managua, die Hauptstadt Nicaraguas in Zentralamerika. Sie ist umringt von aktiven Vulkanen und sogar um Vulkane herum gebaut, selbst ein kleiner Ausbruch könnte ganze Stadtviertel zerstören. Natürlich kann man diese Millionenstadt nicht einfach versetzen. Daher haben wir für Managua Karten angefertigt, auf denen die am stärksten gefährdeten Bereiche eingezeichnet sind. Leider bedecken diese einen Großteil der Stadt. Wollen die Stadtplaner dort nun zum Beispiel neue Wohngebiete oder Hochhäuser bauen, können sie anhand unserer Karten so planen, dass sie nicht in den am stärksten gefährdeten Zonen liegen. Oder sie weichen in aus vulkanologischer Sicht weniger riskante Regionen des Landes aus. Wenn man uns mit Ärzten vergleicht, die dem „Patienten Erde" den Puls fühlen, dann sind wir sozusagen diejenigen, die das

> **AUS EINEM HUBSCHRAUBER IN 6000 METER HÖHE AUF EINEM SCHNEEBEDECKTEN VULKAN ABGESETZT ZU WERDEN, UM EINZIGARTIGE GESTEINSPROBEN ZU GEWINNEN – DAS IST NATÜRLICH EIN HIGHLIGHT.**

Funktionieren des menschlichen Körpers erforschen. Wir haben aber keinen Einfluss darauf, ob auf Basis dieser Informationen der Chirurg nachher auch richtig operieren wird.

Viele Gebiete der Erde sind noch nicht vollständig erkundet. Dennoch haben Sie und Ihre Kollegen sich ausschließlich auf Subduktionszonen konzentriert. Warum?

Darüber haben wir viele Jahre diskutiert. Maßgeblich waren die Impulse eines der Initiatoren des Sonderforschungsbereichs, unser Gründungssprecher und Pionier der Gashydrat-Forschung Erwin Suess. Gemeinsam suchten wir nach einer Thematik, die sowohl besonders relevant ist als auch von möglichst vielen Forschungsbereichen bearbeitet werden kann. So kamen wir auf Subduktionszonen: Es gibt sie überall auf der Erde, in den betreffenden Küstenregionen lebt ein großer Teil der Erdbevölkerung – insgesamt wohnen 40 Prozent der Erdbevölkerung weniger als 100 Kilometer von einer Küste entfernt. Und wir haben hier in Kiel viele, auch interdisziplinäre Möglichkeiten, sie zu erforschen. Nicht nur, weil hier verschiedene Fachdisziplinen vertreten sind, sondern vor allem, weil wir hier in der Lage sind, Arbeiten in der Tiefsee und an Land miteinander zu verknüpfen.

Weshalb haben Sie Mittelamerika und Chile als Forschungsgebiete ausgewählt?

Zum einen benötigten wir gute Vorstudien, auf denen wir aufbauen konnten. Sowohl die Universität Kiel als auch das GEOMAR hatten vor Costa Rica und Chile schon viel gearbeitet. Aber auch die Logistik war wichtig, um das gesamte Subduktionszonen-System untersuchen zu können, mit Ausfahrten vor der Küste und Gelände-Expeditionen an Land. Auch dafür entpuppten sich Mittelamerika sowie Chile und Argentinien als ideal.

Kann man die Erkenntnisse von dort auf andere Subduktionszonen der Erde übertragen?

Ja, sehr gut sogar. Im Prinzip gibt es zwei Arten von Subduktionszonen, sowie viele Mischformen dazwischen: zum einen ozeanische Systeme im Meer, an denen eine Ozeanplatte unter eine andere abtaucht und Inselbögen entstehen, wie zum Beispiel am Marianengraben im Pazifik. Diesen „Marianen-Typ" einer Subduktionszone haben amerikanische und japanische Forscher im U.S. MARGINS-Projekt untersucht. Zum anderen gibt es kontinentale Systeme, bei denen sich eine ozeanische Platte unter eine kontinentale Platte schiebt: der „Chile-Typ" ist das Endglied dieser Art von Subduktionszonen. Diesen haben wir uns vorgenommen.

Und zu welcher Sorte gehört die Subduktionszone in Mittelamerika?

Sie bildet eine ozeanisch-kontinentale Mischform. Der Boden von Costa Rica und Nicaragua ist nicht kontinental, sondern besteht aus verdickter Ozeankruste, die aufgrund langwieriger Prozesse jetzt über Wasser liegt. Darüber hat sich in der gesamten Karibik eine Schicht Flutbasalt gelegt: eine bis zu 20 Kilometer dicke Kruste erkalteter Lava. Sie stammt von einem Eruptionsereignis, das sich vor etwa 90 Millionen Jahren an einem

Rechts: Blick ins Erdinnere. An Steilwänden wie in Chiles Nationalpark Conguillío lassen sich geologische Schichten und Gesteinsarten gut erkennen. Die Forscher haben es vor allem auf Tephren abgesehen – Asche- und Gesteinspartikel, die bei einem Vulkanausbruch herausgeschleudert werden. Sie regnen sich auf die Umgebung ab oder fließen als Glutwolken durch Täler und bilden oft meterdicke, weiße bis gräulich-schwarze Ablagerungen.

Links: Vulkanische Tephren sind für die Forscher wertvolle Zeugnisse der Vergangenheit. Kleinste Glaseinschlüsse verraten, was tief im Inneren des Vulkans unmittelbar vor und während des Ausbruchs passiert ist.

PLATTENTEKTONIK UND SUBDUKTIONSZONEN

Plattentektonik der Erde. Wäre die Erde ein Apfel, so hätte die Erdkruste noch nicht einmal die Dicke seiner Schale. Im Inneren sorgt der heiße Erdkern für Konvektionsströme, wodurch Teile des zähflüssigen Erdmantels nach oben drängen. An den mittelozeanischen Rücken wird dieses heiße Mantelgestein teilweise aufgeschmolzen und tritt als Magma an die Oberfläche. Neue Ozeankruste entsteht, kühlt langsam ab und breitet sich seitwärts aus. Wie auf einem Förderband bewegen sich die Erdplatten mit bis zu 16 Zentimeter pro Jahr über den obersten Mantel und schieben die Kontinente mit sich. Vulkanausbrüche und Erdbeben treten auf. Auch an Hot Spots wie Hawaii oder den Galápagos-Inseln liegen Vulkane: Dort bildet besonders heißes, aufsteigendes Material aus dem Erdinneren eine lokale Aufschmelzzone im Erdmantel. Das dabei entstehende Magma dringt schließlich an die Oberfläche.

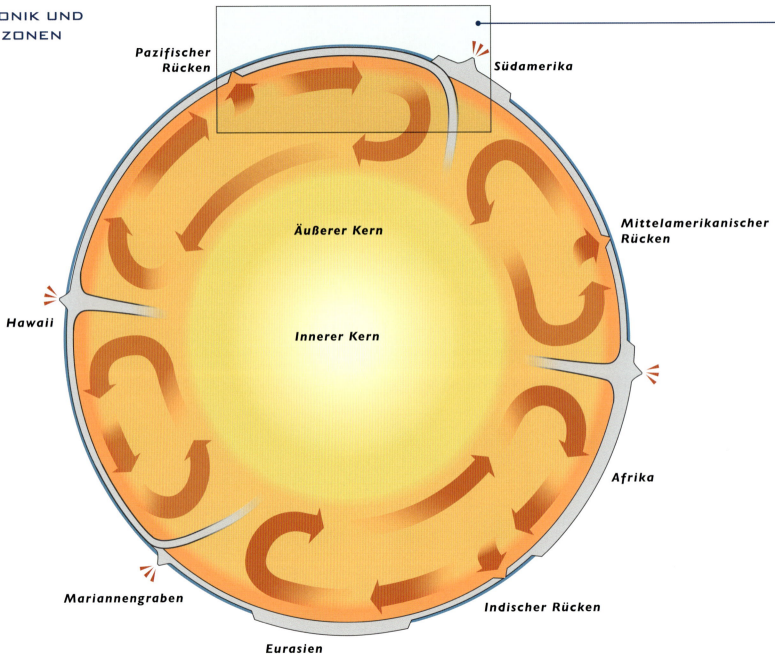

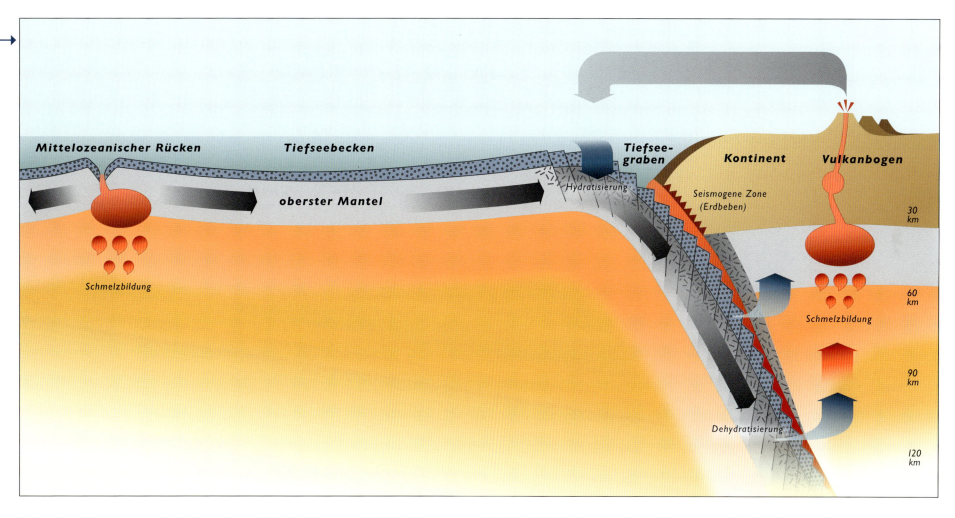

Schema einer Subduktionszone. Am mittelozeanischen Rücken entsteht neue Ozeankruste, breitet sich aus und wird schwerer und dichter, je mehr sie abkühlt. So entstehen in den Ozeanen große Tiefseebecken mit im Durchschnitt 3800 Metern Tiefe. Wenn zwei Platten kollidieren, taucht die schwerere der beiden ab – eine Verschluckungs- oder Subduktionszone entsteht. Die Gesteine der abtauchenden Erdplatte gelangen zurück ins Erdinnere, während sich auf der oberen Platte Gebirge und Inselbögen formieren. Es bilden sich Tiefseegräben, die über 10.000 Meter hinab reichen können, so wie im Marianengraben im Pazifik: Dort liegt in 11.034 Meter der tiefste Punkt der Erde. Mit der abtauchenden Ozeanplatte gelangt Meerwasser in die Subduktionszone, das mineralisch gebunden ist und nach und nach wieder frei wird. Welche Rolle dieses Wasser und die mit ihm durch die Subduktionszone transportierten Stoffe – Fluide und Volatile – für Vulkanausbrüche und Erdbeben spielen, haben die Wissenschaftler des Sonderforschungsbereichs 574 untersucht.

> ÜBER DIE GESAMTE KARIBIK HAT SICH EINE 20 KILOMETER DICKE KRUSTE AUS LAVA GELEGT, VON EINEM ERUPTIONSEREIGNIS, DAS SICH VOR 90 MILLIONEN JAHREN DORT ZUGETRAGEN HAT, WO HEUTE DIE GALÁPAGOS-INSELN LIEGEN.

vulkanischen Hot Spot zugetragen hat – dort, wo heute die Galápagos-Inseln liegen. Es hat in der Erdgeschichte mehrfach riesige Flutbasaltausbrüche gegeben. Auch das Hochland Äthiopiens ist so entstanden oder das Columbia River-Plateau in den USA – oder der Dekkan-Trapp in Indien, dessen Bildung von manchen Forschern mit dem Aussterben der Dinosaurier in Verbindung gebracht wird.

Der Begriff Subduktionszone ist hierzulande nicht sehr geläufig, während er in Ländern wie Japan oder Chile offenbar zum Alltag gehört. Warum weiß man bei uns so wenig darüber?
Vermutlich, weil wir in Deutschland nicht an einer Subduktionszone wohnen. Meine Kinder haben viel darüber gelernt, als sie in der Grundschule die Plattentektonik durchnahmen. Aber generell ist das Wissen über Subduktionszonen nicht sehr verbreitet, das stimmt. Anders der Begriff Tsunami – es ist ein japanisches Wort, aber auch hierzulande kennt es jeder, spätestens seit dem Tsunami Ende 2004 in Südostasien: eine riesige, zerstörerische Ozeanwelle. Ich denke, dass Subduktionszonen mit der Zeit auch hierzulande bekannter werden – denn dort liegen die Ursachen für viele Erdbeben, Tsunamis und Vulkanausbrüche.

In die Subduktionszonen selbst können Menschen nicht vordringen. Wie gehen Sie vor, um das Unsichtbare sichtbar zu machen? Wie erfühlen Sie den „Puls" der Erde?
Indem wir uns der Zone von allen Seiten nähern. Wir klettern auf Vulkane, messen Gase, die dort austreten und finden anhand von Gesteinsproben heraus, welche Stoffe bei einem Ausbruch herausgeschleudert wurden. Auf dem Meer nutzen wir Forschungsschiffe und Meeresforschungs-Technologie wie Echolote, Bohrkerne und Tiefseeroboter, um die Beschaffenheit des Meeresbodens zu ermitteln und ihn zu untersuchen. Wir können aber auch noch tiefer in die Erdplatten hineinsehen. Zum Beispiel mit seismischen Methoden, die uns die Struktur der ozeanischen und kontinentalen Kruste zeigen. Oder virtuell: anhand von Computermodellen, die wir selbst entwickelt haben. So verrät uns die Subduktionszone, was in ihrem Inneren passiert und wie sich die Erdplatten tief unter unseren Füßen verschieben.

Haben Sie auch neue Methoden entwickelt?
Ja, zum Beispiel hat eine Forschungsgruppe Messmethoden für die so genannte marine Magnetotellurik entwickelt. Dabei werden das elektrische und das magnetische Feld der Erde vermessen. So können wir zig Kilometer tief in den Meeresboden hineingucken, auf der Suche nach elektrisch leitfähigen Regionen. Dort enthält das Gestein besonders viele Fluide.

Sie meinen Wasser und in ihm gelöste Stoffe? Warum ist es so wichtig zu erfahren, wo sie sich aufhalten?
Wasser spielt eine bedeutende Rolle in einer Subduktionszone und ist für viele Prozesse verantwortlich. Je nachdem, wo es sich befindet, beeinflusst es die Entstehung von Erdbeben. Auch der Vulkanismus wird durch aufsteigendes Wasser aus der Tiefe verursacht. Aber welche Wege es genau durch die Subduktionszone nimmt – wo Wasser eintritt, wo welche Mengen herauskommen und wie es dabei mit anderen Stoffen reagiert, war lange Zeit unklar. Darauf können wir nun genauere Antworten geben. Für Mittelamerika und Chile haben wir erstmals ein Gesamtbudget der Fluide und Volatile in einer Subduktionszone ermittelt. Die Berechnungen lassen sich auf andere Subduktionszonen übertragen.

Ihre Kollegen haben zahlreiche Ausflüge in die kaum erforschte Tiefsee gemacht, mit Messgeräten und Tauchrobotern. Haben Sie auch dort Neues entdeckt?
Absolut. Wir haben Spuren von Hangrutschungen und Verschiebungen gefunden, sind auf Schlammvulkane und Gashydrate gestoßen – und immer wieder auf Tiere und Lebensgemeinschaften, von denen wir nicht ahnten, dass sie sich in solchen Regionen aufhalten oder dass es sie überhaupt gibt. Ich staune immer wieder angesichts der

Vulkanischer Hot Spot Galápagos. Die über 100 Inseln des Galápagos-Archipels liegen oberhalb von Magmenkammern im Erdinneren. Vermutlich wurden hier vor rund 90 Millionen Jahren gewaltige Lavamassen an die Erdoberfläche befördert. Die Bewegung der Nazca-Platte transportierte die abgekühlte Lava – auch Flutbasalt genannt – über die Jahre in Richtung Mittelamerika: dorthin, wo heute die Karibik liegt.

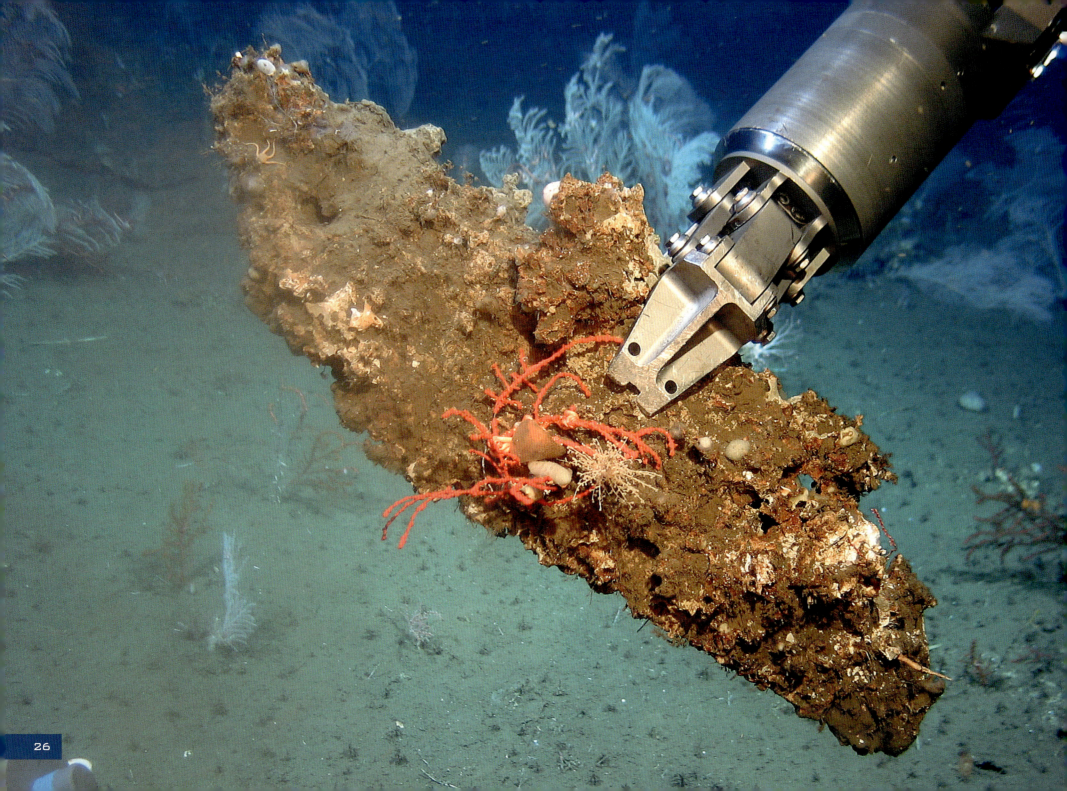

Geheimnisvolle Tiefsee. Der Greifarm des Tauchroboters ROV Kiel 6000 hält in etwa 1000 Meter Meerestiefe ein Stück Karbonat in die Kamera: Die Kalkblöcke können Millionen Jahre alt sein und werden von methanfressenden Bakterien erzeugt. Auf ihnen siedeln noch kaum erforschte Schlangensterne, Weichkorallen, Krebse und Tiefseewürmer.

„ ES IST UNGLAUBLICH FASZINIEREND, WIE AUS DER ABSOLUTEN DUNKELHEIT DER TIEFSEE PLÖTZLICH STRUKTUREN, TIERE UND LANDSCHAFTEN AUFTAUCHEN.

Bilder aus der Tiefsee. Es ist unglaublich faszinierend, wie aus der absoluten Dunkelheit plötzlich Strukturen, Tiere und Landschaften auftauchen. Die Tiefsee ist der letzte große, weitestgehend unbekannte Bereich auf unserem Planeten.

Haben Sie auch die Plattengrenzen selbst sehen können?
Nein, sie sind mit einer dicken Schicht aus Sedimenten bedeckt, die sich über Jahrhunderttausende am Meeresboden abgelagert haben. Vor Chile schiebt sich die Nazca-Platte mit etwa 7-8 Zentimetern im Jahr unter die Südamerikanische Platte, vor Costa Rica beträgt die Verschiebung der Cocos- unter die Karibische Platte etwa 7-9 Zentimeter pro Jahr. Aber diese Verschiebung lässt sich nicht live beobachten – außer dass wir sie bei Erdbeben oder Vulkanausbrüchen zu spüren bekommen.

Das Forschungsprojekt war sehr umfassend, es waren insgesamt 118 Wissenschaftler aus vielen Fachbereichen daran beteiligt. Gab es Phasen, in denen alles aus dem Ruder zu laufen drohte?
Ja, die gab es sehr oft. (lacht) Wie bei allen größeren wissenschaftlichen Projekten. Die größte Herausforderung war, die Einzelkämpfer, die wir Forscher oft sind, so zu integrieren, dass sich ein Gesamtbild ergibt. Das Ergebnis sollte mehr sein als nur die Summe der Teile. Aber es kostete oft viel Arbeit, die Leute an einen Tisch zu bekommen.

Wie ist also Ihre Bilanz? Sind Sie dennoch zufrieden?
Unbedingt. Ich glaube, es geht vielen wie mir: Ich habe in den Jahren des Sonderforschungsbereichs jede Menge dazugelernt, auch wissenschaftlich – gerade weil ich gezwungen war, mich intensiver mit dem auseinanderzusetzen, was die anderen machen. Wir haben einen hohen Anteil projektübergreifender Publikationen. Das zeigt, dass es eine gute Zusammenarbeit mit vielen anerkannten Ergebnissen gab.

Was waren die Sternstunden?
Aus einem Hubschrauber in 6000 Meter Höhe auf einem schneebedeckten Vulkan abgesetzt zu werden, um einzigartige Gesteinsproben zu gewinnen – so etwas ist natürlich ein Highlight. Oder auf einem Schiff einen Bohrkern aus der Tiefsee an Bord zu ziehen, der tatsächlich die Informationen enthält, die man sich erhofft hat. Aber auch der Moment, in dem man im Labor bestimmte Daten erhält, ist erhebend – bis hin zur Publikation dieser Daten und der Anerkennung als neue Idee in der Fachwelt.

Helfen solche Momente dabei, sich selbst

High-Tech für die Tiefsee. Gemeinsam mit Kollegen aus Mittel- und Südamerika erforschten die Kieler Wissenschaftler an den Subduktionszonen Gebiete in bis zu 6000 Meter Höhe und 6000 Meter Meerestiefe. Um Lebewesen zu entdecken, Gase aufzuspüren oder Proben vom Meeresboden zu nehmen, benötigen sie zum Beispiel Lander: Stahlgerüste, die mit verschiedenen Instrumenten und Kameras ausgestattet werden können. Die Forscher nennen sie „Raumfähren der Tiefsee".

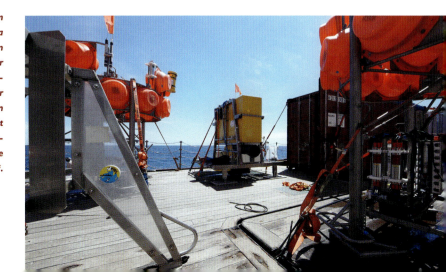

> DIE GRÖSSTE HERAUSFORDERUNG WAR,
> DIE EINZELKÄMPFER, DIE WIR FORSCHER OFT SIND,
> SO ZU INTEGRIEREN, DASS SICH EIN GESAMTBILD ERGIBT.

und die Kollegen zu motivieren, wenn mal etwas nicht gleich klappt?

Natürlich. Es gab viele Berg- und Talfahrten, aber im Großen und Ganzen haben die Höhepunkte wohl überwogen. Geologische Forschungsarbeit ist äußerst spannend und lebendig, vor allem wenn sie an Land und auf dem Meer stattfindet – wozu wir hier in Kiel weltweit einzigartige Möglichkeiten haben. Für mich als Wissenschaftler liegt ein besonderer Reiz und Antrieb in dieser Kombination. Genau wie in der Mischung aus Natur, analytischer Arbeit und der anschließenden Diskussion und Publikation der Ergebnisse. Wenn alle Puzzlestücke sich am Ende endlich zusammenfügen und ein großes Bild ergeben: Das ist ein phantastisches Gefühl.

Prof. Dr. Kaj Alexander Hoernle wurde in Stuttgart geboren und wuchs in Augusta im US-Bundesstaat Georgia auf. Er studierte Geologie und Petrologie in New York und Kalifornien, promovierte über die geochemische Entwicklung magmatischer Gesteine auf Gran Canaria, verbrachte ein Jahr an der Ruhr-Universität Bochum und forschte an den Universitäten von Santa Barbara und Santa Cruz in den USA. Seit 1994 ist er Professor für Petrologie und Geochemie am heutigen GEOMAR | Helmholtz-Zentrum für Ozeanforschung Kiel und der Christian-Albrechts-Universität zu Kiel. Von 2006 bis 2012 war er Vorsitzender und Sprecher des Sonderforschungsbereichs 574. Kaj Hoernle ist verheiratet und hat drei Kinder.

Das Audimax der 1665 gegründeten Christian-Albrechts-Universität zu Kiel, eine der zwei Heimstätten des Sonderforschungsbereichs 574 „Volatile und Fluide in Subduktionszonen. Klimarückkopplungen und Auslösemechanismen von Naturkatastrophen".

Der Vulkan Villarrica mit seinen 2840 Metern Höhe ist einer der aktivsten Südamerikas. Zuletzt brach er 2011 aus. Bei einem Ausbruch im Jahr 1971 schmolzen Gesteinsfetzen und Lava große Schneemengen zu Schlammlawinen, die Felder, Brücken und Häuser in der Umgebung zerstörten.

Das GEOMAR | Helmholtz-Zentrum für Ozeanforschung Kiel, eine der Heimstätten des Sonderforschungsbereichs 574. Im Jahr 2004 schlossen sich das Institut für Meereskunde (IfM) und das Forschungszentrum für marine Geowissenschaften GEOMAR zum Leibniz-Institut für Meereswissenschaften an der Universität Kiel (IFM-GEOMAR) zusammen. 2012 wurde es Mitglied der Helmholtz-Forschungsgemeinschaft.

ERDBEBEN

„ IVONNE ARROYO UND YVONNE DZIERMA HABEN JAHRELANG DARAN GEARBEITET, DEM ERDINNEREN SEINE GEHEIMNISSE ZU ENTLOCKEN.

„ ERDBEBEN – WENN DER BODEN ZITTERT

Ob das Beben vor der Küste Japans im März 2011, in Chile im Februar 2010 oder vor Sumatra im Dezember 2004: Die stärksten Erdbeben weltweit entstehen an Subduktionszonen. Ihre Folgen sind meist dramatisch: Bis zu Hunderttausende Todesopfer sind zu beklagen, Millionen Menschen werden obdachlos, der Sachschaden geht in Milliardenhöhe.

Noch immer ist nicht restlos geklärt, was die Megabeben an den Plattengrenzen der Erde genau auslöst. Welche Faktoren spielen für ihre Entstehung eine Rolle? Wonach entscheidet sich, wie sich ein Bruch zwischen zwei Erdplatten ausbreitet? Und wie lassen sich Erdbeben vorhersagen? Fragen, die sich auch die Geologin Ivonne Arroyo und die Physikerin Yvonne Dzierma gestellt haben. Ihre Suche nach Antworten gestaltete sich zunächst schwierig. Erdbeben entstehen meist in mehreren Tausend Metern Tiefe, an Orten, die dem Menschen verborgen bleiben. Dennoch müssen die Zonen, in denen die Erde zu beben beginnt, keine rätselhafte Blackbox bleiben.

Gemeinsam mit ihren Kolleginnen und Kollegen des Sonderforschungsbereichs (SFB) 574 „Volatile und Fluide in Subduktionszonen: Klimarückkopplungen und Auslösemechanismen von Naturkatastrophen" haben Arroyo und Dzierma jahrelang daran gearbeitet, dem Erdinneren seine Geheimnisse zu entlocken. In Mittel- und Südamerika waren sie der Verschiebung der Erdplatten und den dabei entstehenden Erdstößen auf der Spur. Sie verbrachten Wochen auf hoher See und platzierten zahlreiche Messgeräte im Dschungel, um das Zittern des Planeten so genau wie möglich zu registrieren – und wurden dabei selbst mehrfach von unerwarteten Beben aus dem Schlaf gerissen.

Zerstörung einer Landstraße nach einem Erdbeben in Chile. Weshalb Naturkatastrophen an Subduktionszonen besonders stark ausfallen, war eine der Forschungsfragen der Kieler Wissenschaftler.

Messpunkte an der mittelamerikanischen Subduktionszone. An jedem roten Punkt platzierten die Forscher für mehrere Monate einen Seismometer, in Meerestiefen von über 6000 Meter und in teils schwer zugänglichen Vulkanhöhen und Tropenregionen. Mit diesen – zum Teil zeitgleichen – Messungen am Meeresboden und an Land konnten sie erstmals auch winzig kleine Erdbeben in der Subduktionszone aufspüren.

" INTERVIEW MIT IVONNE ARROYO UND YVONNE DZIERMA
EINE GEOLOGIN UND EINE PHYSIKERIN ENTSCHLÜSSELN SIGNALE AUS DEM UNTERGRUND

Ihre Forschung hat Sie in einige der erdbebengefährdetsten Regionen der Erde geführt. Wie viele Beben haben Sie selbst bereits erlebt?
IA: Sehr viele. Mein erstes Erlebnis stammt aus dem Jahr 1983, als ich noch ein Kind war. Ich bin in Costa Rica aufgewachsen und erinnere mich an die Hand meines Vaters, der mich und meine Schwester festhielt. Alles bewegte sich. Wir sind auf die Straße gelaufen, dabei sollte man bei Erdbeben drin bleiben, Ruhe bewahren und sich von gefährlichen Gegenständen fernhalten. In Costa Rica erlebt man etwa dreimal pro Monat ein Erdbeben, es gehört zum Alltag. Aber 1991 gab es ein Beben, das einen Teil der karibischen Küste um anderthalb Meter angehoben hat. Seitdem habe ich vor starken Erdbeben Respekt, großes Interesse… aber auch ein bisschen Angst.

Haben Sie als Kind schon geahnt, dass Sie Erdbeben einmal untersuchen würden?
IA: Nein, aber in der Oberschule sah ich einen Dokumentarfilm über Geologen in der Antarktis und dachte, was für ein toller Beruf. Ich wollte nie einen typischen Büro-Job. Ich habe an der Universität von Costa Rica Geologie studiert, gegen den Rat vieler Leute, die glaubten, dass ich so keine Arbeit finden würde. Ich liebte es, über Vulkane zu wandern, Verwerfungszonen zu vermessen, Gesteinsarten unterscheiden zu lernen – fasziniert davon, wie die Erde funktioniert.

In Deutschland stehen Erdbeben nicht gerade an der Tagesordnung. War die Forschung für Sie erst einmal abstrakt, Frau Dzierma?
YD: Ich kannte Erdbeben tatsächlich nur aus der Zeitung und war gespannt, eines zu erleben. Das erste hätte ich fast verpasst: Ich war drei Wochen an Bord des Forschungsschiffes *Meteor* von Nicaragua nach Ecuador unterwegs gewesen. Keine zwei Stunden nach der Ankunft schwankte im Hotel plötzlich alles um mich herum. Da ich gerade vom Schiff kam, hat es einen Moment gedauert, bis mir auffiel, dass es ein Erdbeben war. (lacht) Später in Chile habe ich ein starkes Nachbeben des 2010 Maule-Erdbebens erlebt. Das war

Rechts: Eine GPS-Station an der Küste von Lebu in Chile, 600 Kilometer südlich der Hauptstadt Santiago. Das Maule-Erdbeben im Februar 2010 hob die Region um bis zu zwei Meter an. Ganze Landstriche Südamerikas versetzte das stärkste Beben seit 50 Jahren nach Westen; sogar die Erdachse hat sich dadurch leicht verschoben. Um solche Veränderungen zu messen, registrieren Satelliten die Positionen der über das Land verteilten GPS-Stationen. Die Ergebnisse verraten den Forschern auch, in welche Segmente eine Erdplatte unterteilt ist und helfen dabei, Folgen künftiger Erdbeben sowie möglicher Tsunamis abzuschätzen.

Links: Der Pazifische Feuerring. An den Rändern der Pazifischen Platte reihen sich Vulkan- und Inselbögen, Gebirge und Tiefseerinnen aneinander. Wo die Ozeanplatte unter eine andere Erdplatte abtaucht, entstehen Subduktionszonen. Der etwa 40.000 Kilometer lange Pazifische Feuerring ist eine der tektonisch aktivsten Regionen der Erde und für Forscher damit ein faszinierendes Studienobjekt. Viele der schwersten Erdbeben, Tsunamis und Vulkanausbrüche der vergangenen Jahrzehnte fanden hier statt.

> ES GIBT WELTWEIT ÜBER 10.000 SEISMOLOGISCHE STATIONEN, DIE RUND UM DIE UHR ALLE BEWEGUNGEN DER ERDE AUFZEICHNEN.

Auf dem Trockenen. Südlich von Lebu in Chile hat sich die Küste durch das Maule-Erdbeben im Februar 2010 um bis zu zwei Meter gehoben. Das Leben der Anwohner hat sich dadurch radikal verändert. Die Slipanlage, über die zuvor Boote ins Wasser gelassen wurden, endet nun in der Luft.

furchteinflößend. Und als ich ein halbes Jahr in Costa Rica lebte, gab es ständig leichte Beben. Beim Frühstück fragte man: Hast du heute Nacht auch das Beben gespürt? Und die Antwort war nur noch: Ah, ja…

Was macht Erdbeben für Sie zu einem so wichtigen Thema, dass Sie sie jahrelang erforscht und beide Ihre Doktorarbeit darüber geschrieben haben?
IA: Die Zerstörungen und Todesopfer, die Erdbeben häufig fordern, rufen uns immer wieder in Erinnerung, was das eigentliche Ziel aller Forschung ist: den Menschen zu helfen. Ich habe meine Diplomarbeit in Costa Rica über Erdbeben an der Subduktionszone geschrieben und mich dann um ein Stipendium des Deutschen Akademischen Auslandsdiensts beworben. Promovieren kann man in Costa Rica in Geophysik bisher noch nicht – so kam ich nach Kiel, zum GEOMAR und zum

Muschelbewuchs und Algenreste an der Slipanlage. Bei einer von chilenischen Kollegen organisierten Exkursion in die betroffenen Gebiete im Herbst 2010 staunen die Kieler Forscher über die starken Auswirkungen des Bebens. Noch Monate zuvor lag dieser Bereich unter Wasser.

SFB, dessen Ziele mich sehr anzogen.
YD: Wir wollen den Menschen vor Ort helfen und die Struktur und Abläufe im Inneren der Erde besser verstehen. In der Hoffnung, auch einmal etwas ganz Neues herauszufinden, ein kleines Puzzle-Teil vielleicht nur, aber solche Momente haben einen ganz eigenen Zauber.

Wie entstehen Erdbeben denn an Subduktionszonen? Was löst sie aus?
IA: An Subduktionszonen können drei Arten von Beben entstehen: durch Interplatten-Seismizität, also Reibung der abtauchenden Erdplatte gegen die darüber liegende. Dabei entsteht die sogenannte seismogene Zone, in der die stärksten Erdbeben der Welt stattfinden. Die zweite Art von Erdbeben entsteht durch Verformungen in der oberen Platte. Und die dritte durch Verformungen und Dehydration in der unteren Platte: Sie interagiert mit dem sie umgebenden Erdmantel, während sie abtaucht.
YD: Wichtig ist dabei die Rolle der Fluide: Mit der abtauchenden Platte gelangt Wasser in die Subduktionszone. Ozeanwasser, das über Risse und Klüfte in die Sedimentschicht und teilweise kilometertief in die Platte eingedrungen ist. Es wirkt zunächst wie eine Art Schmierstoff zwischen den Platten, die sich gegeneinander verschieben. Nach und nach wird das Wasser aus den Sedimenten gepresst – weil Druck und Temperatur zunehmen, wenn die Platte abtaucht. Wenn alle Fluide ausgetreten sind, wird die Reibung zwischen den Platten stärker und es baut sich Spannung auf. Sie entlädt sich, wenn die Platten plötzlich ruckartig nachgeben und aneinander vorbeirutschen – und riesige Erdbeben entstehen.

Auf welche Aspekte haben Sie sich bei Ihrer Forschung konzentriert?
YD: Wir wollten die abtauchende Platte und die Verteilung der Seismizität möglichst genau lokalisieren. Um herauszufinden, wo und in welcher Tiefe Erdbeben ausgelöst werden und wo diese Prozesse enden. Dies wollten wir in Zusammenhang bringen mit dem Eintrag und dem Austritt von Fluiden.
IA: Es ist unklar, weshalb an manchen Subduktionszonen sehr starke Erdbeben entstehen und anderswo nicht. Auch wie sich Beben ausbreiten, weshalb sie an bestimmten Stel-

> **DIE ZERSTÖRUNGEN UND TODESOPFER, DIE ERDBEBEN HÄUFIG FORDERN, RUFEN UNS IMMER WIEDER IN ERINNERUNG, WAS DAS EIGENTLICHE ZIEL ALLER FORSCHUNG IST: DEN MENSCHEN ZU HELFEN.**

len stoppen, wollten wir wissen. Zudem haben wir uns für eine neu entdeckte Art seismischer Aktivität interessiert: tektonische Tremoren und ihre Bedeutung in der seismogenen Zone. Diese länger anhaltenden, schwachen Erschütterungen des Erdbodens kennt man erst seit Ende des 20. Jahrhunderts. Mittlerweile hat man sie in mehreren Subduktionszonen aufgespürt, auch in Costa Rica. Welche Rolle sie genau spielen, muss noch weiter erforscht werden.

Als Forschungsgebiete wurden Chile und Costa Rica ausgewählt. Sind diese Regionen gut geeignet, um Ihre Fragen zu beantworten?
YD: Beide Länder liegen entlang des Pazifischen Feuerrings – einer Aneinanderreihung von Subduktionszonen, Tiefseegräben und Vulkanbögen rund um den Pazifik. Und in beiden gibt es Erdbeben und Vulkanismus, insofern sind sie sehr interessant. Allerdings sind die Subduktionszonen unterschiedlich: Die Cocos-Platte, die vor Costa Rica abtaucht, ist mit kleinen Vulkanhügeln und einem Gebirge überzogen, dem Cocos-Rücken. Im Norden wiederum ist die Platte von Biegungsbrüchen durchzogen. Meine Kollegen vom SFB haben die Brüche durch Zufall entdeckt – als sie mit dem Schiff noch etwas Zeit übrig hatten, fuhren sie über den Tiefseegraben hinaus nach Westen und erstellten Karten vom Meeresboden. Darauf sahen sie, dass sich parallele Vertiefungen durch die Platte ziehen. An diesen Stellen nimmt die abtauchende Platte offenbar viel Wasser auf. Aufgrund der verschiedenen Erhebungen am Meeresgrund und durch die Fluide werden beim Abtauchen Teile der oberen Platte von unten abgehobelt, die Subduktionszone ist hier erosiv.

Und vor Chile sieht die Subduktionszone anders aus?
IA: Diese Biegungsbrüche gibt es dort auch. Aber vor Zentralchile ist die Subduktionszone nicht erosiv, sondern akkretionär: Auf der ozeanischen Nazca-Platte hat sich eine kilometerdicke Schicht aus Sedimenten abgelagert. Vor der Südamerikanischen Platte stauen sie sich zu regelrechten Gebirgen am Meeresboden auf. Sie bilden eine Art Keil, wir nennen ihn den Akkretionskeil.

Fallen Erdbeben je nach Art der Subduktionszone auch unterschiedlich aus?
IA: Das wollten wir erforschen, und wir lernen immer neu dazu. Lange Zeit glaubte man, Megabeben könnten nur an akkretionären Subduktionszonen entstehen. Das Erdbeben von Tohoku vor Japan im März 2011 belehrte uns eines Besseren. Die dortige Subduktionszone ist erosiv, wie vor Costa Rica. Als es hieß, das Beben habe eine Stärke von 9,0 auf der Richter-Skala, dachten wir, sie hätten sich verrechnet, oder die Journalisten hätten sich vertan. In der Geschichte der japanischen Erdbeben gab es oft Beben der Stärke 7 oder sogar 8. Aber mehr als 8,5? Das war völlig überraschend. Dabei passieren solche Erdbeben statistisch etwa alle 500 Jahre, es war rückblickend also mal wieder „fällig". Man hat in der Gegend von Tohoku Ablagerungen von einem Tsunami aus dem 9. Jahrhundert gefunden, der genauso riesig war wie der im Jahr 2011 und denselben Verlauf hatte.

Was bedeutet das für Costa Rica? Könnte dort auch jederzeit ein so gigantisches Beben passieren?
YD: Es ist überall entlang von Subduktionszonen denkbar. Auf der Nicoya-Halbinsel, im Nordwesten Costa Ricas, steht ein riesiges Beben angeblich kurz bevor.
IA: Seit 60 Jahren hat es dort kein Beben mehr mit einer Magnitude von mehr als 7 gegeben. Laut den Berechnungen hätte es schon vor etwa 10 Jahren passieren sollen. Die Abläufe in der seismogenen Zone sind sehr komplex, aber in einem einfachen Szenario ist ein solches Beben längst überfällig.

Es gibt weltweit über 10.000 seismologische Stationen, die rund um die Uhr alle Bewegungen der Erde aufzeichnen. Warum reichten diese Stationen nicht aus, um die Subduktionszonen zu untersuchen?
YD: Wenn man die gesamte Fläche der Erde

Folgen eines Erdbebens bei Gölcük im Nordwesten der Türkei. Am 17. August 1999 bebte die Erde 45 Sekunden lang mit einer Stärke von 7,4 auf der Richterskala. Es war eines der schwersten Beben der Region seit Jahrzehnten. Mindestens 17.000 Menschen starben, 44.000 wurden verletzt, 250.000 verloren ihre Behausung. Auch noch im 80 Kilometer entfernten Istanbul stürzten Häuser ein. Das Epizentrum lag an der Nordanatolischen Verwerfung: einer Bruchzone innerhalb der Anatolischen Platte, die zwischen der Eurasischen und der Arabischen Platte eingeklemmt ist. Mit weiteren schweren Beben in der Region wird gerechnet.

> **MAN FÄHRT MIT KARTEN, EINEM NAVIGATIONSGERÄT UND PROVIANT INS BLAUE. OHNE EINE AHNUNG, WAS MAN FINDEN WIRD UND OB MAN SEINE PUNKTE ÜBERHAUPT ERREICHT.**

betrachtet, sieht man, dass diese Stationen nicht sonderlich dicht beisammen stehen. Sie zeichnen zwar große Beben auf, können aber die vielen kleineren Beben nicht erkennen, die in einer Subduktionszone ständig entstehen. Wir mussten daher sehr viel genauer messen.

Wie sind Sie dafür vorgegangen?
IA: Wir haben in Costa Rica und Chile insgesamt sieben Netzwerke aus seismischen Messstationen errichtet. Sowohl an Land als auch im Ozean haben wir zwischen 6 und 24 Monaten lang die tektonische Aktivität der Subduktionszonen gemessen. Insgesamt haben wir dadurch nun für mehr als 50 Monate lang durchgehende Aufzeichnungen.
YD: Benutzt haben wir dafür Seismometer: Elektronische Geräte, die die Bodenbewegung registrieren und aufzeichnen. Für den Meeresboden hat das GEOMAR gemeinsam mit spezialisierten Firmen solche Geräte entwickelt. Für den Einsatz an Land haben wir zusätzlich Geräte des Deutschen GeoForschungsZentrums Potsdam geliehen. An Land sind die Geräte mit einer Batterie und Solarpaneelen verbunden. Für den Einsatz im Ozean müssen sie druck- und wasserfest verpackt sein. Mit einem schweren Anker werden sie abgesenkt, nach der Messung lösen sie sich davon und steigen an einem Auftriebskörper wieder an die Wasseroberfläche.

Wo genau haben Sie die Seismometer platziert?
IA: Im Süden Costa Ricas gab es bereits ein Netzwerk, auch auf der Nicoya-Halbinsel im Nordwesten. Im SFB wurde daher entschieden, die zentralpazifische Region zu instrumentieren, sowie die Grenzregion von Costa Rica und Nicaragua. So decken wir einen großen Teil der mittelamerikanischen Subduktionszone ab. Vor Chile sind wir ähnlich vorgegangen. Erstmals in der Geschichte haben wir an beiden Orten auch den Tiefseegraben mit Seismometern bedecken können. Stationen am Meeresgrund sind sehr wichtig, weil der Bereich der stärksten Erdbeben, die seismogene Zone, sich meist vor der Küste befindet.

War es einfach, die Messgeräte aufzubauen? Costa Rica und Chile sind stellenweise dicht besiedelt – und bestehen andernorts aus Dschungel oder Vulkanhöhen.
IA: Es war nicht immer leicht, nein. Mein Doktorvater Ernst Flüh hat auf topografischen Karten von Costa Rica kleine Kreise eingezeichnet und gesagt: Wir möchten dort, dort und dort Stationen aufstellen. Aber als wir hinfuhren, entpuppte sich alles als ganz anders.
YD: Diese Arbeit habe ich trotzdem am meisten geliebt. Man fährt mit diesen Karten, einem Navigationsgerät und Proviant für einen Tag ins Blaue. Ohne eine Ahnung, was man finden wird oder ob man seine Punkte überhaupt erreicht. Die Karten sind häufig fehlerhaft, vor allem was kleine Wege angeht.

Klingt nach dem Gefühl, als sei man ein später Alexander von Humboldt?
YD: Man fühlt sich tatsächlich oft wie der erste Mensch, oder der erste Europäer dort.

Allerdings unter Zeitdruck: Die Stationen liegen manchmal bis zu 30 Kilometer auseinander. Will man 60 Stationen in überschaubarer Zeit aufbauen, muss man mehrere am Tag anfahren.
IA: Wenn alles glattgeht, schaffen wir zwei bis drei Stationen pro Tag. Aber man braucht auch Leute, die während des Mess-Zeitraums auf die Stationen aufpassen, etwa sechs Monate lang. Damit sie nicht geklaut werden oder kaputt gehen.

Rechts: Yvonne Dzierma wartet eine Messstation auf dem Vulkan Villarrica in Chile. Die Anlagen sind monatelang Wind und Wetter ausgesetzt – auch Käfer, Spinnen und Skorpione fanden die Forscher an ihren Anlagen. Meist baten die Forscher Anwohner, in ihrer Abwesenheit ein Auge auf die Messgeräte zu haben.

Links: Stationsaufbau am Vulkan Llaima in Chile. Martin Thorwart platziert ein Seismometer an einem vorher ausgewählten Messpunkt. Das Gerät soll kleinste Bewegungen im Erdinneren aufzeichnen. Mitgebrachte Sonnenkollektoren versorgen das Seismometer und eine Festplatte über Monate mit Strom, so werden die Daten ständig gespeichert.

> HIER LOCKT QUELLEN HERVOR DIE NATUR, DOCH ANDERE VERSTOPFT SIE WIEDER, UND FLÜSSE, VERDECKT DURCH EINSTIGE STÖSSE DER ERDE, STÜRZEN HERVOR, UND ANDRE VERTROCKNEN, VERSICKERN IM GRUNDE ...
> (OVID)

> **ICH MÖCHTE, DASS STUDENTEN UND GEOLOGEN IN COSTA RICA WISSEN, WAS UNTER IHREM EIGENEN BODEN PASSIERT.**

Wie finden Sie solche Orte?
YD: Zunächst fährt man möglichst nah ans geplante Ziel ran. Dann steht dort vielleicht ein Haus, oder eine Farm oder ein Ferienhäuschen, oder überhaupt nichts, das ist völlig unterschiedlich. Und dann klopft man an die Tür und guckt, ob jemand da ist. Die Reaktion war oft sehr positiv: Da kommt eine Doktorin aus Deutschland – und interessiert sich für unsere Erdbeben!

Hier wäre es wohl andersherum: Hilfe, was will diese fremde Person?
IA: In Costa Rica waren wir in manch kleinem Dorf berühmt als „los alemanes", die Deutschen mit diesen komischen Kisten. Obwohl ich selbst Costa-Ricanerin bin.
YD: Manchmal waren die Leute auch misstrauisch, oder ihre Wachhunde waren es, aber die meisten waren unglaublich gastfreundlich. Man klopft, und noch bevor man „Hallo" sagen kann, sitzt man auf der Couch und bekommt Kekse aus einem uralten Ofen serviert.

Verstehen die meisten Leuten gleich, was Sie vorhaben?
YD: Ja, mit Erdbeben haben Costa Ricaner und Chilenen viel Erfahrung. Für uns ist das von Vorteil.
IA: Aber man muss auch vorsichtig sein. Manche glauben, die Box sende Strahlungen aus.
YD: Oder sie sei giftig oder beeinflusst die Erde.
IA: Oder sie rufe selbst Erdbeben hervor. Ich habe von Forschern gehört, die in einem Gebiet ein Netzwerk aufbauten, in dem es kaum Erdbeben gab. Kaum waren sie fertig, passierte ein recht starkes Beben. Die Leute im Dorf waren wütend und dachten, die Geräte hätten es ausgelöst.

Wie überzeugen Sie Skeptiker von Ihrer Arbeit?
IA: Wir haben oft Gesprächsrunden im Dorf abgehalten und erklärt, was wir erforschen. Viele waren daraufhin stolz, dass sie mitmachen durften und haben im Anschluss eine Urkunde oder ähnliches bekommen. Wir haben damit gute Erfahrungen gemacht.

Haben denn all Ihre Geräte die gesamte Zeit, die sie vor Ort standen, durchgehalten?
YD: Nur wenige sind kaputt gegangen. In Chile ließ ein Mann einen Baumstamm beim Holzhacken darauf fallen. Ein andermal hat ein Sturm den Aufbau zerstört. Ein größeres Problem waren Blitzeinschläge, Schnee oder heftiger Regen.
IA: Oder Tiere: Mal haben Käfer das Holz zerfressen, Kühe die Kabel durchgekaut oder Ameisen und Spinnen sich in den Stationen gesammelt. Wir mussten immer aufpassen, wenn wir den Deckel öffneten, wegen Skorpionen oder Schlangen. Das Leben in den Tropen ist eben anders.

Sie waren auch auf Schiffen vor der Küste unterwegs. Wie konnten Sie die Stationen punktgenau am Meeresboden platzieren?
YD: Wir fuhren die Koordinaten der ausgewählten Messpunkte an und warfen die Geräte dort über Bord – von Forschungsschiffen aus, aber auch von Fischerbooten und Küstenwachschiffen. Die Geräte sinken an einem schweren Anker auf den Meeresboden. Am Ende der Messungen senden wir ihnen ein Signal, so dass sie sich vom Anker lösen und aufsteigen – dann kann man sie an Bord holen.

Haben Sie später denn alle Geräte wiedergefunden?
IA: Fast alle, und obwohl ich die Technologie verstehe, war ich selbst immer wieder überrascht. (lacht) Dabei haben wir sie in bis zu sieben Kilometern Meerestiefe versenkt.
YD: Wir haben die GPS-Daten der Orte aufgezeichnet, wo die Geräte abgeworfen wurden. Wenn sie wieder an der Wasseroberfläche sind, sendet eine Antenne ein Funksignal aus, zudem hängen ein Fähnchen und eine blitzende Lampe daran. Wir stehen dann an der Reling und suchen mit einem Fernglas das Meer ab. Und warten und gucken... (lacht)
IA: Auf den Forschungsschiffen arbeiten wir 24 Stunden am Tag, um die teure Schiffszeit auszunutzen. Das Blitzlicht am OBS hilft uns es zu finden, falls es in der Nacht auftaucht. Auf einer Fahrt haben wir dennoch zwei Geräte in der Tiefsee verloren und waren frustriert, bis jemand aus der Schiffsmannschaft sagte: Seid dankbar, dass ihr überhaupt so viele Geräte zurückbekommen habt. Das stimmt, es ist nicht selbstverständlich.

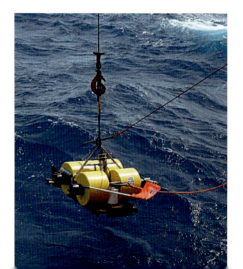

Ein Ozeanboden-Seismometer (OBS) auf dem Weg in die Tiefsee. Es ist mit Gewichten, Batterien und einer Festplatte versehen, sowie mit einem akustischen Empfangs- und Sendegerät, Auftriebskörpern, einem Funksender, einem Blinklicht und einem Fähnchen zum Wiederfinden. Das hochempfindliche Gerät zeichnet über Monate Bewegungen im Untergrund auf.

> **JEDER KLEINE SCHRITT BRINGT EINEN VORAN, JEDE ERKENNTNIS KANN WICHTIG SEIN FÜR DIE MENSCHEN, DIE DORT WOHNEN.**

Irgendwann war die Abenteuerzeit vorbei, und Sie saßen wieder in Kiel am Computer – mit vielen neuen Daten. Fanden Sie die Arbeit da immer noch spannend?

IA: Die Phasen am Computer haben sich zum Glück mit denen der Expeditionen abgewechselt. Aber es stimmt, wir hatten unglaublich viele Daten und haben mit der Auswertung Jahre zugebracht. Manchmal verliert man da kurz die Lust. Aber am Ende lohnt es sich immer! Als ich das erste Mal erkannt habe, wo die seismogene Zone unterhalb von Zentral-Costa Rica liegt, war es phantastisch.

Welche Geheimnisse haben die Subduktionszonen Ihnen verraten? Was waren die wichtigsten Erkenntnisse?

IA: Zunächst einmal sehen wir anhand der Signale, die unsere Messstationen aufgezeichnet haben, wie und wo die abtauchende Platte in diesen Gebieten in die Tiefe absinkt. Wie Perlen auf einer Kette reihen sich die Erdbeben in den Tiefen der Subduktionszone aneinander, tauchen mit der Platte ab und zeichnen so ihr Profil nach. Auf ähnliche Weise haben Forscher auch vor fast fünfzig Jahren entdeckt, dass es Subduktionszonen überhaupt gibt. In den von uns untersuchten Gebieten konnten wir zum ersten Mal die Verteilung der Erdbeben im Detail sehen und ihre Bedeutung untersuchen.

Die Subduktionszone bebt also quasi ständig vor sich hin?

YD: Richtig, im Vergleich zu Deutschland bebt es in Chile oder Costa Rica ständig. Die meisten Beben sind aber zum Glück sehr klein und wir spüren sie gar nicht.

Das Ziel des Sonderforschungsbereichs war es, die Auslösemechanismen von Naturkatastrophen zu untersuchen, um Frühwarnsysteme entwickeln zu können und die schlimmsten Auswirkungen zu verhindern. Sind Sie dabei einen Schritt weitergekommen?

IA: Auf jeden Fall. Wir haben erstmals die Größe, die Konturen und die Eigenschaften der seismogenen Zonen in den Untersuchungsgebieten feststellen können, in ihrer vertikalen und horizontalen Ausdehnung. Diese Faktoren sind maßgeblich dafür, wie stark Erdbeben werden und mit welchem Verlauf die Erdplatten brechen.

YD: Auch Bruchzonen in einer Erdplatte spielen dabei eine wichtige Rolle. Sie entstehen an mittelozeanischen Rücken und können Hunderte von Kilometern lang sein. Lange Zeit war nicht klar, was passiert, wenn eine solche Bruchzone in eine Subduktionszone eintaucht. Blockiert sie den Bruch, der bei einem Erdbeben passiert? Oder läuft der Bruch weiter? Das ist entscheidend für alle, die in dieser Region leben.

Und was haben Sie über die Bruchzonen herausgefunden?

YD: In Chile haben wir die Region untersucht, in der 1960 das stärkste je gemessene Erdbeben stattfand. Bei dem Valdivia-Beben haben sich die Erdplatten dramatisch verschoben. Aber entlang einer Bruchzone, der Valdivia Fracture Zone, war die Verschiebung weniger intensiv. Vielleicht sind die Platten in dieser Bruchzone schwächer aneinander gekoppelt, weil dort mehr Fluide enthalten sind als in der Umgebung.

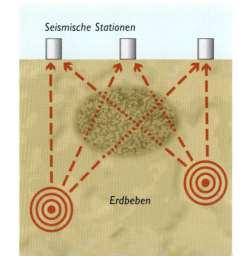

Schema der Messungen. Seismische Stationen zeichnen Druckwellen auf, die von Erdbeben ausgehen. Durch das dunkel markierte Gebiet bewegen sich die Wellen langsamer, der Erdboden ist dort anders beschaffen. Die Signale an den verschiedenen Stationen verraten in Kombination, wie der Erdboden aufgebaut ist, wo Erdbeben stattfinden und wie die Druckwellen sich ausbreiten.

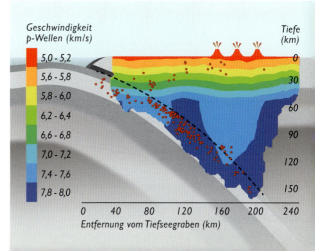

Jeder Punkt ein Erdbeben. Das Ergebnis der Messungen zeigt kleine und große Beben entlang der abtauchenden Pazifischen Platte, von Dezember 2008 bis November 2009. Anhand der Beben lässt sich der Verlauf der Platte bis in 150 Kilometer Tiefe verfolgen. Oberhalb von etwa 40 Kilometer Tiefe liegt die seismogene Zone, in der die stärksten Erdbeben stattfinden. Farbige Schichten markieren die Geschwindigkeit, mit der sich die seismischen Druckwellen ausbreiten: zwischen 5 (rot), 6,5 (grün) und 8 (dunkelblau) Kilometern pro Sekunde – je nach Temperatur, Dichte und Zusammensetzung des Erdbodens.

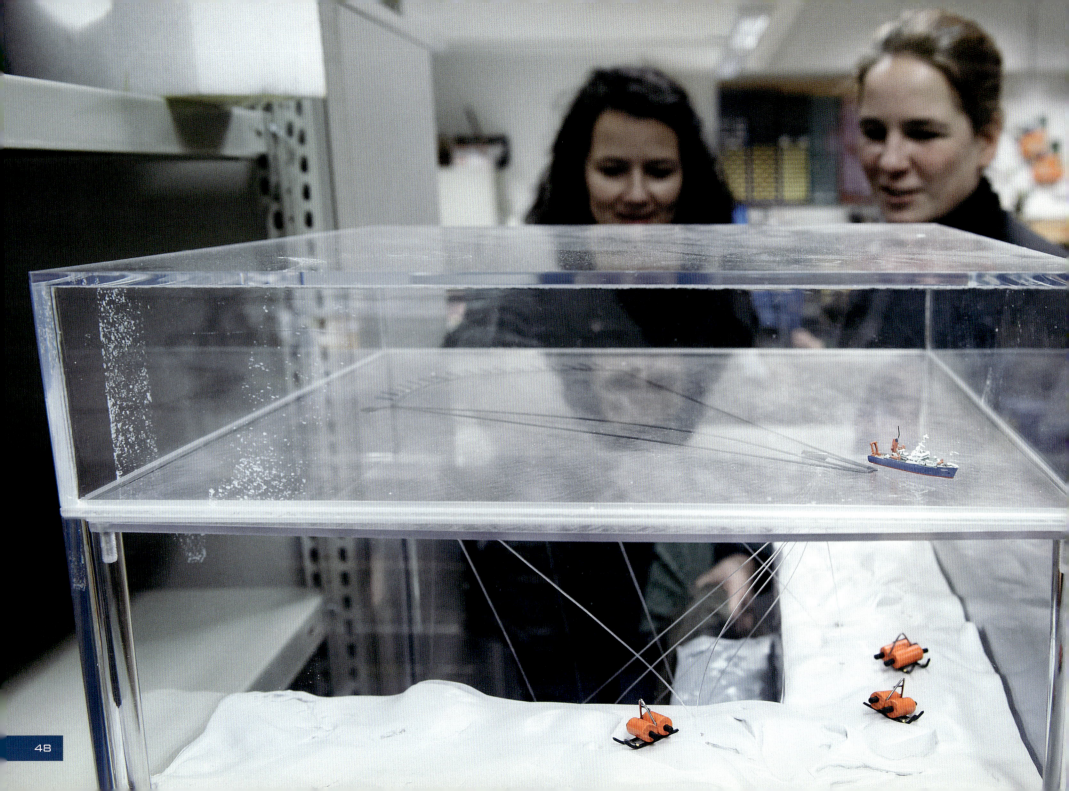

> **AUF DEN FORSCHUNGSSCHIFFEN ARBEITEN WIR 24 STUNDEN AM TAG, UM DIE TEURE SCHIFFSZEIT AUSZUNUTZEN.**

Modellbau für Tiefseeforscher. Der Aufbau im Glaskasten verdeutlicht, wie die aktive Seismik funktioniert: Ein Schiff zieht eine Luftkanone dicht hinter sich her. Diese sendet Schallwellen kilometertief in den Meeresboden hinein, dargestellt als weiße Fäden. Fächerartig geschleppte Rekorder hinter dem Schiff und diverse Ozeanboden-Seismometer (OBS) registrieren das zeitversetzte Echo der Schallwellen, die vom Untergrund zurückgeworfen werden. So sind zwei- und dreidimensionale Abbildungen der Gesteinsschichten im Meeresboden möglich, die häufig mit Daten aus der Erdbebenforschung kombiniert werden.

IA: Das könnte auch den starken Vulkanismus erklären: Ganz in der Nähe der Bruchzone liegen die Vulkane Villarrica und Llaima, die zu den aktivsten der Welt gehören. Ihr Vulkanismus wird von Fluiden, die durch die Subduktionszone transportiert werden, mit verursacht.

Gibt es noch andere Ergebnisse, die Sie überrascht haben?
YD: Unsere Daten zeigen, dass die Platte im südlichen Costa Rica sehr steil abtaucht und nicht flach, wie bisher angenommen. Diese Entdeckung treibt die Diskussion voran, weshalb es im Süden Costa Ricas keinen Vulkanismus gibt. Dort klafft eine Lücke im Pazifischen Feuerring, über die seit langem gerätselt wird. Bis vor ein paar Millionen Jahren war die Region noch aktiv. Eine mögliche Erklärung wäre, dass an dieser Stelle nur wenig Wasser in die Subduktionszone eingebracht wird, weil das Gestein des Cocos-Rückens eher trocken ist.

Wie stark verunsichern Sie Dinge, auf die es zunächst keine Antwort gibt? Zweifeln Sie dann auch schonmal an Ihrer Arbeit?
IA: Natürlich. Es kann zum Haareraufen sein, wenn man partout kein Ergebnis erhält oder nicht zufrieden ist mit dem Modell, an dem man sich orientiert.
YD: Ich wusste oft nicht, wie ich Ergebnisse aus meinen Daten holen soll. Man fühlt sich nicht kompetent genug, sie sinnvoll zu interpretieren. Dabei übersieht man, dass es auch kein anderer weiß. Manchmal gab es auch Zweifel, ob das Ergebnis jemandem nützen wird oder ich nur meine Neugier und mein Forscher-Ego befriedige. Aber jeder kleine Schritt bringt einen voran, jede Erkenntnis kann wichtig sein für die Menschen, die dort wohnen. Am klarsten wurde mir das, wenn ich im Feld mit Leuten sprach, nachdem ich wochenlang am Schreibtisch gesessen hatte. Sie wollten alles von mir wissen. Wenn man dann tatsächlich Antworten hat – dann ist es klasse. Und gar nicht mehr abstrakt.
IA: Jedes Detail kann von Bedeutung sein, das vergisst man manchmal. Wirklich zu schaffen hat mir eher das Wetter in Kiel gemacht. Ich liebe vieles an Deutschland, sogar Rotkohl und Sauerkraut! Aber hier habe ich gelernt, wie wichtig die Sonne für die Stimmung ist. (lacht)

Wie geht es für Sie weiter? Werden Sie den vielen noch offenen Fragen nachgehen?
IA: Ich möchte in dieser Richtung weiter forschen und dafür womöglich nach Costa Rica zurückkehren. Dort kommen Forscher oft an viele Details nur langsam heran, die internationale Vernetzung ist nicht sehr ausgeprägt. Also erzähle ich von unseren Projekten, stelle Kontakte her oder ermutige

Mit der Auswertung der Messdaten haben die Erdbeben-Experten Ivonne Arroyo, Yvonne Dzierma und ihre Kollegen Jahre zugebracht. Erst wenn die Informationen der Seismometer in geeignete Modelle eingefügt werden, liefern sie ein Abbild der Erdbeben und ihrer Ausbreitung im Erdboden.

> **DER OZEAN IST SO UNGLAUBLICH RIESIG. ICH HABE AN BORD STERNKLARE NÄCHTE GESEHEN, FÜR DIE SICH DIE REISE SCHON GELOHNT HÄTTE.**

sie, ein Forschungsschiff zu besuchen. Ich möchte, dass Studenten und Geologen in Costa Rica wissen, was unter ihrem eigenen Boden passiert. Und dass sie inspiriert sind, sich tieferes Wissen anzueignen und ihre Forschungsergebnisse zu veröffentlichen. Wenn möglich, möchte ich die lokalen Institute unterstützen, verstärken, und den Austausch mit internationalen Wissenschaftlern voranbringen. Im Ausland zu promovieren ist eine bereichernde Erfahrung, aber nicht jeder will seine Heimat für mehrere Jahre verlassen. Vielleicht können wir auch vor Ort ein Doktoranden-Programm einführen.

Werden Sie Ihre Arbeit ebenfalls weiter der Erdbebenforschung widmen?
YD: Zunächst einmal widme ich mich ab jetzt der Medizinphysik. Ich war früher in der Astrophysik und habe mit der Europäischen Weltraumagentur (ESA) Saturns Mond Titan untersucht. Das ist unglaublich spannend, und ich finde es wichtig, dass es Leute gibt, die das tun. Aber für mich persönlich war es irgendwann zu weit weg. Ähnlich ist es mit der Geophysik. Es ist wichtig und interessant, das große Bild immer weiter auszubauen und Neues zu lernen. Aber in der Medizinphysik arbeite ich viel direkter für die Menschen. Es ist wunderbar, in der Klinik einen Patienten zu treffen, der eine Bestrahlung braucht und zu hoffen, dass man helfen kann, ihn zu heilen. Zudem kann ich auch dort weiter forschen. Alles hat mit Physik zu tun, und alle diese Bereiche sind sehr spannend.

Nur das Meer fehlt?
YD: Das Meer fehlt, ja. Aber mir bleiben wunderbare Erinnerungen an Delphine in lumineszierendem Plankton, fliegende Fische und Sonnenaufgänge am Ende der Nachtschicht.
IA: Die Ausfahrten auf den Forschungsschiffen waren jedes Mal wie ein Wunder. Der Ozean ist so unglaublich riesig. Ich habe an Bord sternklare Nächte gesehen, für die sich die Reise schon gelohnt hätte. Und ich habe auf der Sonne meinen Ehemann kennengelernt. Insofern habe ich die Forschungsabenteuer der letzten Jahre sehr genossen. Ich würde alles noch einmal tun, jederzeit.

Dr. Ivonne Aden-Arroyo studierte Geologie an der Universidad de Costa Rica und konzentrierte sich auf die Erforschung von Erdbeben und Vulkanen. Anschließend war sie von 2003 bis 2012 Wissenschaftliche Mitarbeiterin im Sonderforschungsbereich 574 am GEOMAR | Helmholtz-Zentrum für Ozeanforschung Kiel, erhielt ein Stipendium des Deutschen Akademischen Auslandsdienstes und promovierte 2008 an der Christian-Albrechts-Universität zu Kiel über die Erdbeben-Tomografie an Costa Ricas Pazifikküste.

Dr. Yvonne Dzierma studierte Physik in Bonn und Granada (Spanien) und schrieb ihre Diplomarbeit im Rahmen des Huygens-Projekts der Europäischen Weltraumagentur ESA. Sie arbeitete von 2005 bis 2011 als Wissenschaftliche Mitarbeiterin im Sonderforschungsbereich 574 an der Christian-Albrechts-Universität zu Kiel, an der sie 2009 über das Abtauchen der Cocos-Platte unter die Karibische Platte vor Zentralamerika promovierte. Yvonne Dzierma war Stipendiatin der Studienstiftung des Deutschen Volkes und des Deutschen Akademischen Auslandsdienstes.

Sonnenuntergang vor Chile – ein solcher Anblick macht für viele Meeresforscher die Anstrengungen ein wenig wett, mit denen ihre Arbeit verbunden ist. Die wochenlangen Ausfahrten bedeuten nicht nur Abenteuer und Erfolge, sondern auch Rückschläge, die Trennung von Freunden und Familie, die Gefahr einer rauen See sowie lange Arbeitstage und -nächte.

TSUNAMIS

„ EIN TEAM UM DEN GEOLOGEN UND GEOPHYSIKER DAVID VÖLKER UNTERSUCHT HANGRUTSCHUNGEN UND TSUNAMIS – MIT ERSTAUNLICHEN ERGEBNISSEN.

„ TSUNAMIS – DIE UNTERSCHÄTZTE GEFAHR

Japan, März 2011. Die Folgen eines Seebebens der Stärke 9,0 mit anschließendem Tsunami sind in der Region Tohoku gravierend. Die Wucht des Wassers zerstörte Küstenabschnitte, Atomanlagen und Städte und hievte tonnenschwere Gegenstände in ungewohnte Positionen. Das Wort Tsunami stammt aus dem Japanischen und bedeutet „Welle im Hafen".

Gölcük in der Türkei, 17. August 1999: Die belebte Küstenstadt östlich von Istanbul wird von einem Erdbeben der Stärke 7,4 erschüttert. Häuserblocks brechen zusammen, Zehntausende Menschen sterben, die Schäden im Zentrum der türkischen Automobil-, Öl- und Textilindustrie gehen in Milliardenhöhe. Mit Staunen betrachten die Menschen am Tag nach dem Beben, was von der ehemals beliebten Uferpromenade übrig geblieben ist. Restaurants, Wohnhäuser und Hotels wurden ins Meer gerissen. Das Erdbeben hatte eine unterseeische Rutschung ausgelöst, die das Ufer mit erfasste. Die wenigsten in Gölcük hatten mit dieser Gefahr gerechnet.

Arop in Papua-Neuguinea, 17. Juli 1998: Eine fünfzehn Meter hohe Welle rollt auf das Dorf zu, zerstört es binnen Sekunden, entlang der Nordküste des Inselstaats sterben mehr als 2200 Menschen.
Die Geologen rätseln über die Ursache des Tsunamis. Zuvor hatte der Boden des Pazifiks 25 Kilometer weiter nördlich gebebt, doch die gemessene Stärke des Bebens ist zu schwach, als dass es eine solche Monsterwelle hätte auslösen können.
Dann finden sie Spuren einer Hangrutschung vor der Küste. Nicht das Erdbeben, sondern die Rutschung hatte den Tsunami ausgelöst, dabei war sie nicht einmal besonders groß.

Neben Erdbeben und Vulkanausbrüchen spielen an Subduktionszonen auch Naturgewalten eine Rolle, über die bislang nur wenig bekannt ist: Hangrutschungen im Ozean. Wenn unterhalb der Wasseroberfläche Erdmassen wegbrechen und mit hoher Geschwindigkeit in die Tiefe schießen, bringen sie nicht nur Datenkabel, Bohrinseln und Pipelines am Meeresboden in Gefahr sondern oftmals auch die Bewohner naher Küsten.

Tsunami-Frühwarnsysteme konzentrieren sich bisher vor allem auf starke, schnelle Erdbeben. Dabei wird vermutlich rund ein Fünftel aller Tsunamis von unterseeischen Hangrutschungen ausgelöst, oft mit verheerenden Folgen.
Gründe genug für ein Team um den Geologen und Geophysiker David Völker, das Phänomen der Hangrutschungen genauer zu untersuchen – mit erstaunlichen Ergebnissen.

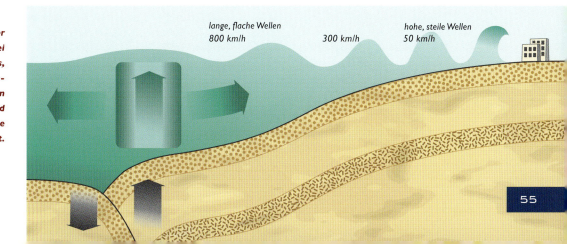

Tsunami als Folge eines Seebebens an einer Subduktionszone. Hebt sich der Meeresboden bei einem Beben, löst dies Wellenbewegungen aus, die sich an der Küste meterhoch auftürmen können. Frühwarnsysteme messen Druckdifferenzen am Meeresboden in gefährdeten Gebieten und alarmieren die Küstenstaaten, bevor die Welle das Ufer erreicht.

" INTERVIEW MIT DAVID VÖLKER
EIN GEOLOGE UND GEOPHYSIKER AUF HOHER SEE

Wie muss ich mir eine Hangrutschung im Meer vorstellen? Ähnlich wie eine Lawine in den Bergen?
Eine bestimmte Gruppe von Hangrutschungen ist mit bestimmten Lawinen vergleichbar, nämlich mit Schneebrettern. Bei Schneebrettern rutschen große Schneeflächen entlang einer Schwächezone ab. Diese Zonen entstehen in den Bergen meist durch Triebschneeschichten, die mit dem Wind transportiert wurden. Dabei verhaken sich die Schneekristalle kaum miteinander, so dass der Triebschnee eine Art Rolllager bildet, auf dem alles, was sich später darüber an Schnee ablagert, abrutschen kann. Ähnlich ist es unter Wasser. Dort rieselt auch ständig etwas zu Boden: organisches Material, Sand aus Flüssen, Schalen mikroskopisch kleiner Algen und Tiere aus der Wassersäule… Über die Zeit bilden diese Sedimente am Meeresboden sehr dicke Schichten, auch auf den Abhängen. Ist eine „schwache" Lage darunter, gerät alles darüber leicht ins Rutschen: Der Hang ist potenziell instabil.

Wovon hängt ab, wie gewaltig eine Hangrutschung ausfällt – und wie groß das Risiko von Küstenstürzen und Tsunamis ist?
Entscheidend ist, wie groß die Schwächezone am Hang ist und wie dick die abrutschende Schicht. Wo und in welcher Tiefe das Paket abrutscht, spielt ebenfalls eine Rolle. Eins ist klar: Je mehr Material bewegt wird und umso schneller die Bewegung ist, desto gefährlicher wird es. Die weitaus größten Hangrutschungen auf der Erde finden nicht an Land statt, sondern im Ozean.

Tatsächlich?
Ja, vor Westafrika haben sich Rutschungen bis zu 900 Kilometer weit am Meeresboden bewegt. Dafür müsste eine Lawine von den Alpen bis nach Kiel rutschen! Auch die Masse ist gigantisch. Bei den größten bekannten Rutschungen stürzten und glitten 20.000 Kubikkilometer Geröll den Hang hinab. Das würde reichen, um ganz Deutschland mit einer 50 Meter dicken Schuttschicht zu bedecken.

Verursacht jede dieser Hangrutschungen auch einen Tsunami?
Ein Tsunami entsteht, wenn plötzlich riesige Volumina von Wasser verdrängt werden. Dafür muss die Rutschung in der Regel groß und schnell sein. Wenn sie über Jahre langsam den Hang hinab kriecht, gibt es keinen Tsunami. Wenn aber die Gesteinsmassen mit bis zu 100 Stundenkilometern hangabwärts rasen, werden riesige Wassermengen verdrängt. Zugleich strömt Wasser dorthin, wo eben noch ein Teil des Hangs war. Über dem Ort, an dem die Rutschung begann, wird die Wasseroberfläche nach unten gezogen, und dort, wohin das Material rutscht, beult sie nach oben aus. Es entstehen Wellen: Die Meeresoberfläche schnellt zurück und fängt an zu schwingen. Wie wenn man zwei Steine dicht nebeneinander in einen Teich wirft und die Wellen sich ringförmig ausbreiten.

Sind solche Tsunamis in ihrer Zerstörungskraft vergleichbar mit den von Erdbeben ausgelösten Riesenwellen wie 2011 in Japan oder 2004 in Südostasien?
Was die Höhe der Wellen angeht: ja. Sie türmen sich ähnlich gewaltig auf. Allerdings ist bei Tsunamis, die von einer Hangrutschung ausgelöst werden, meist nur ein begrenzter Küstenabschnitt betroffen, an die 100 Kilometer. Im Gegensatz zu Seebeben, bei denen der Meeresboden einer ganzen Region angehoben wird. Nach solchen Beben kann sich der Tsunami über einen ganzen Ozean ausbreiten.

Ein Schneebrett in den Bergen. Auf ähnliche Weise rutschen auch unter Wasser immer wieder Sedimente ab, die sich an Hängen abgelagert haben. Oft wird eine Schnee- oder Sedimentschicht instabil, wenn sie über einer nur lose zusammenhaltenden Schicht liegt. Mit bloßem Auge ist die Gefährdung solcher Hänge nicht zu erkennen – erst nach der Rutschung wird die „Sollbruchstelle" sichtbar.

Aufräumarbeiten nach einem Erdrutsch in den Alpen.

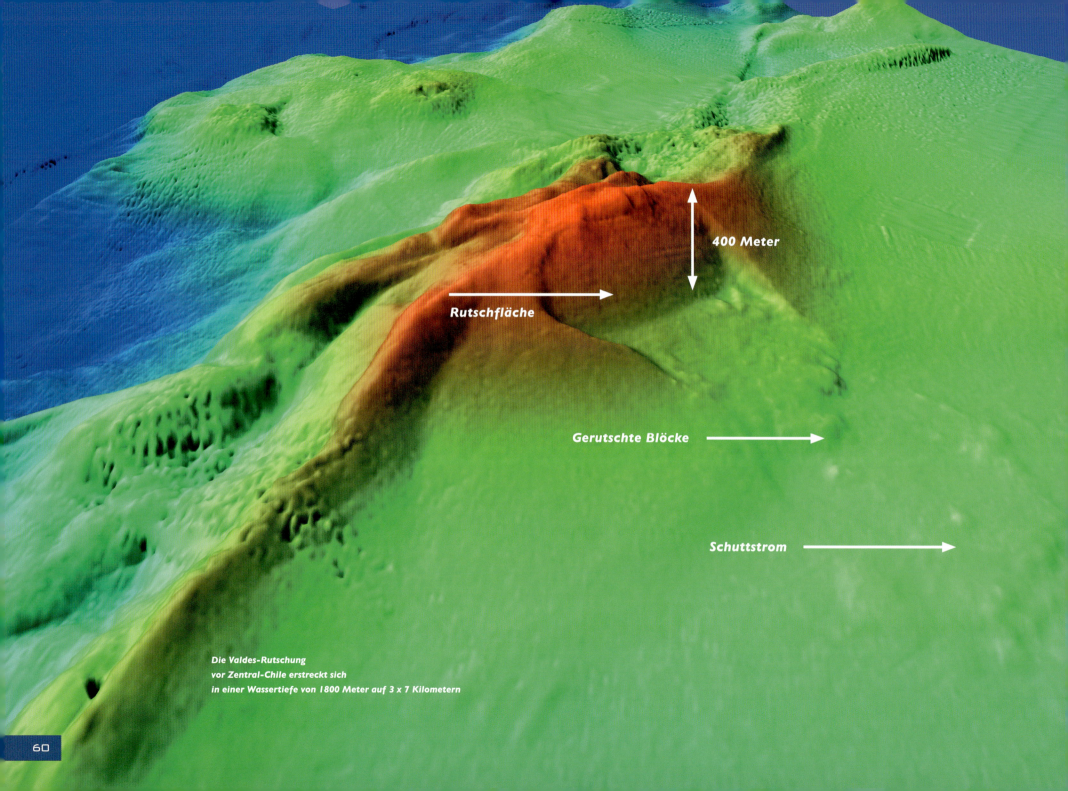

> **DIE WEITAUS GRÖSSTEN HANGRUTSCHUNGEN AUF DER ERDE FINDEN NICHT AN LAND STATT, SONDERN IM OZEAN.**

Gibt es Möglichkeiten, eine Hangrutschung im Voraus zu bemerken und die Küstenbewohner zu warnen?
Es hängt davon ab, was die Rutschung verursacht. Häufig ist ein Erdbeben der Auslöser und das Unglück kommt sozusagen im Dreierpack: Erst das Erdbeben, dann die Rutschung, dann ein Tsunami, der entweder vom Beben oder der Rutschung ausgelöst wird. Hangrutschungen können aber auch spontan passieren, ohne besonderen Auslöser. Denn submarine Hänge, auf denen Sedimente liegen, sind eigentlich immer metastabil: Die Kräfte der Schwerkraft wirken auf die Partikel und wollen sie hangabwärts ziehen. Zugleich wirken Reibungskräfte dem Zergleiten entgegen. Man kann sich das vorstellen wie bei einem Holzklotz auf einem Brett: Wenn man das Brett an einer Seite anhebt, ist irgendwann die Schwerkraft, die das Holz nach unten zieht, größer als die Haftreibung, die es am Brett hält. Dann rutscht der Klotz auf dem Brett hinab.

Je steiler der Hang ist, desto größer ist also die Gefahr einer Rutschung?
Ganz so einfach ist es nicht. Es gibt vor Chile sehr steile Hänge ohne jedes Anzeichen einer Rutschung. Trotz einer Neigung von etwa 30 Grad, bei der man im Gebirge prima Skifahren könnte. Andererseits gibt es zum Beispiel vor der Mündung des Mississippi im Golf von Mexico Hänge mit nur 2 Grad Neigung, wie ein Kinderskihang, die für Rutschungen ausreichen. Es hängt vor allem davon ab, wie das Sediment beschaffen ist. Deshalb unterscheiden wir zwischen Auslösern einer Rutschung – wie Erdbeben – und begünstigenden Faktoren, die entweder die Abtriebskraft am Hang verstärken oder die Festigkeit des Sediments herabsetzen.

Und diese begünstigenden Faktoren lassen sich messen?
Zum Teil schon. Die Abtriebskraft wird stärker, wenn Hänge steiler werden. Zum Beispiel vor Flussdeltas, wo viel Sediment abgelagert wird. Oder wenn tektonische Prozesse das Land mit der Zeit anheben. Für die Festigkeit des Sediments spielt der sogenannte Poren-Fluid-Druck eine große Rolle: Die Poren zwischen den Sedimentkörnern sind mit Wasser gefüllt. Steigt der Druck, weil sich neue Schichten darüber ablagern, versuchen die Poren das Wasser herauszudrücken. Kann es nicht entweichen, bildet sich ein Poren-Fluid-Überdruck, der den Zusammenhalt des Sediments verringert und die untere Schicht von der oberen entkoppeln kann. Über all das wollen wir noch mehr herausfinden, um die Gefährdung von Hängen bestimmen zu können und zu wissen, wie kurz sie davor sind, ins Rutschen zu geraten. Viele Hänge können noch 15.000 Jahre stabil sein, aber auch schon morgen abrutschen.

Gibt es bezüglich der Rutschungen Besonderheiten in Subduktionszonen – im Gegensatz zu anderen Gebieten?
Subduktionszonen liegen an sogenannten aktiven Kontinentalrändern. Das heißt, hier stoßen zwei Erdplatten aufeinander, wodurch es viele Erdbeben gibt. Solche Beben haben in der Vergangenheit schon oft Rutschungen ausgelöst. Allerdings geht die Gleichung „je mehr Erdbeben, desto mehr und größer die Rutschungen" nicht auf. Die allergrößten Rutschungen wurden an passiven Kontinentalrändern festgestellt, zum Beispiel vor Westafrika. Also in Regionen, in denen es kaum tektonische Aktivität, also Relativbewegungen von Erdplatten gibt.

Wie erklären Sie sich das?

Links: Kartierung des Meeresbodens. Die Valdés-Rutschung vor der Küste Chiles spürten die Forscher mit Hilfe von Schiffsecholoten auf, aus deren Daten sie bathymetrische Karten erstellten. In 1800 Metern Tiefe raste hier eine Lawine aus Schutt und Gesteinsblöcken den Hang hinab. Wann es passierte, ist noch unklar. Vermutlich traf anschließend ein Tsunami auf die Küste, nach dessen Spuren bislang noch nicht gesucht wurde.

Rechts: Tsunami als Folge einer Hangrutschung. Das Meer gerät zweifach in Bewegung: Während durch die Rutschung die Wasseroberfläche nach unten gezogen wird, beult das rutschende Material sie nach oben aus. Die Wellen breiten sich von beiden Punkten ringförmig aus – und können am Ufer zu verheerenden Zerstörungen führen.

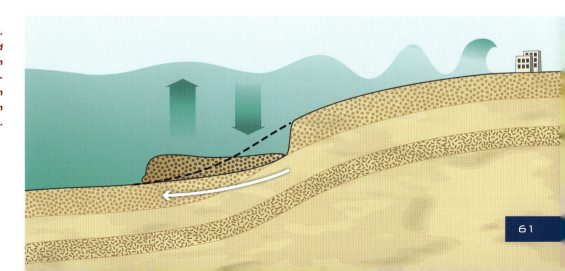

> WIR MACHEN UNS EIN BILD VON DER WELT, WIE SIE DA UNTEN IST UND SIND STÄNDIG DABEI, ES ZU KORRIGIEREN UND ZU VERBESSERN.

Zurück an Bord. Bergung eines Sedimentkerns aus bis zu 3000 Meter Meerestiefe. Die Forscher hoffen, darin Spuren vergangener Hangrutschungen am Meeresboden zu finden. Ein Kran zieht das tonnenschwere Gestänge an Deck des Forschungsschiffes „Sonne".

Wir haben eine Theorie: In vielen Subduktionszonen kommt es typischerweise etwa alle 100 oder 200 Jahre zu einem schweren Erdbeben. Dazwischen kann sich nicht viel neues Sediment am Meeresboden ansammeln. Vielleicht löst also jedes Beben eine kleinere Rutschung aus – und verhindert genau dadurch eine große Rutschung. Wohingegen sich in Regionen, in denen es nicht oft bebt, die Sedimente über Jahrtausende und länger ansammeln können. So sind diese Regionen viel anfälliger für seltene, aber dann große Hangrutschungen.

Eine Theorie, die Sie vor Chile quasi live überprüfen konnten: Kurz bevor Sie im Jahr 2010 mit dem Forschungsschiff Sonne dort waren, hatte die Erde in der Maule-Region mit der Stärke 8,8 gebebt. Kam es dadurch zu Hangrutschungen?

Das war eine einmalige Gelegenheit und ehrlich gesagt hatten wir fest damit gerechnet, Spuren von Hangrutschungen zu finden. Aber wir fanden nichts.

Gar nichts?

Zumindest keine neuen, großen Rutschungen. Dafür aber Hinweise auf kleinräumige Rutschungen nach dem Erdbeben – die unsere Theorie bestätigen, dass es in seismisch aktiven Regionen häufiger kleine Rutschungen gibt. Ein Fund sticht dabei heraus: Vor der mittelchilenischen Stadt Concepción sind die Spuren drei extrem großer Rutschungen zu sehen, bei denen bis zu 500 Kubikkilometer Material bewegt wurden – was reichen würde, um ganz Schleswig-Holstein 30 Meter hoch mit Schutt zu bedecken. Damit gehören diese Rutschungen zu den größten, die je an aktiven Kontinentalrändern gefunden wurden. Wir vermuten, dass die jüngste vor 200.000 Jahren, die älteste vor etwa 1 Million Jahre passiert ist. In dieser Zeit hat sich diese Region immer wieder angehoben, so dass der Kontinentalhang steiler geworden ist. Das könnte eine Erklärung sein.

Wie finden Sie solche Rutschungen überhaupt? Man kann ja im Ozean nicht einfach mit einem Fernglas Ausschau halten, wie in den Bergen.

Zum einen kartieren wir den Meeresboden vom Schiff aus. Wir fahren bestimmte Routen ab, während ein sogenanntes Fächer-Echolot am Schiffsrumpf ständig einen Schwarm akustischer Signale aussendet. Die werden vom Meeresboden reflektiert und aus diesen Daten erzeugen wir bathymetrische Karten, die das Relief des Meeresbodens wiedergeben. Darauf können wir Rutschungen erkennen, die größer sind als 500 mal 500 Meter. Wir sehen die Abrisskanten am Hang, wie bei Schneebrettern. Dann gucken wir hang-

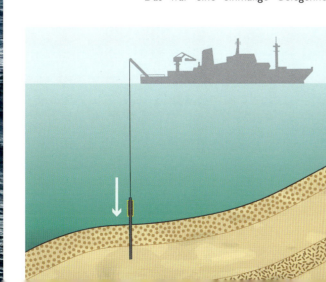

Schema einer Sedimentkernnahme. Ein bis zu 18 Meter langes Stechrohr wird an einem Stahlseil vom Schiff aus hinabgelassen. Tonnenschwere Gewichte an der Oberseite drücken das sogenannte Schwerelot senkrecht in den Meeresboden. Ein lamellenartiger Verschluss verhindert an der Unterseite, dass beim Hochziehen Sediment heraus fällt.

> **MAN WÄCHST EIN WENIG ZUSAMMEN AN BORD, GERADE WENN DIE FAHRT LÄNGER DAUERT.**

abwärts, ob wir Schuttströme finden. Vor Chile haben wir auf diese Weise an die 60 Rutschungen kartiert und beschrieben.

Wie gehen Sie vor, um die Rutschungen genauer zu untersuchen?
Wir ziehen Sedimentkerne, also Proben aus dem Meeresboden. So können wir auch Rutschungen entdecken, die zu klein für unser Echolot sind – zum Beispiel an den Rändern vorheriger Rutschungen, die oft bei einem neuen Erdbeben „angeknabbert" werden. Wir können die Rutschungen anhand der Proben auch datieren: indem wir herausfinden, wie alt die Sedimente sind, die sich seit der Rutschung neu abgelagert haben.

Bohren Sie dafür in den Meeresboden hinein?
Nein, wir nutzen eine Konstruktion namens Schwerelot. Es besteht aus einem tonnenschweren Gewichtssatz aus Blei- oder Stahlscheiben, an die ein Stahlrohr geschraubt wird, zwischen 6 und 18 Meter lang. An einem Stahlseil wird das Ganze zum Meeresboden hinabgelassen. Dort drückt das Gewicht das Rohr ins Sediment. Beim Rausziehen verschließt sich das Rohr unten, damit nichts hinaus rutscht. Bis wir einen Kern aus 4000 Meter Tiefe geborgen haben, brauchen wir gute fünf Stunden. Zudem können wir es nur bei Tageslicht tun, aus Sicherheitsgründen: Ein Gewicht von mehreren Tonnen und ein Gestänge von bis zu 18 Meter sicher an Bord zu bringen, ist nicht ohne. Vor allem bei Seegang. Das machen die Kapitäne meistens sogar selbst.

Wie stark sind Sie bei Ihrer Arbeit auf die Schiffscrew angewiesen?
Ganz stark. Die Geräte von und an Bord zu hieven, ist Sache der Decksmannschaft. Da packen wir Forscher zwar mit an, dürfen aber ansonsten vor allem nicht im Weg stehen. Erst wenn der Kern sicher an Bord ist, treten wir in Aktion.

Weiß die Mannschaft immer, worum es bei Ihrer Forschung geht?
Die meisten schon. Man wächst ein wenig zusammen an Bord, gerade wenn die Fahrt länger dauert. Oft ist die Arbeit für die Crew auch schon Routine – nur die konkrete Forschungsfrage ist neu. Dazu halten wir meist zu Beginn der Fahrt eine kleine Einführung oder rufen die Leute später mal abends zusammen und erzählen, was wir bisher geschafft haben und was vielleicht nicht geklappt hat. So gibt es mehr Verständnis für unsere Arbeit.

Und wenn das Schwerelot wieder nach oben kommt, ist die Aufregung groß?
Auf jeden Fall. Das Rohr ist von innen mit ei-

Hat es sich gelohnt? Für David Völker und seine Kollegen ist der Moment, in dem sie den Sedimentkern öffnen, voller Spannung. Die Chance, einen neuen Kern am selben Punkt zu ziehen, gibt es meist nicht – das Schiff ist längst unterwegs zum nächsten Forschungsziel.

Das Arbeitsdeck der „Sonne". Stahlscheiben aus Blei sollen das Schwerelot in der Tiefsee in den Meeresboden drücken. An Deck müssen die tonnenschweren Gewichte gut gesichert werden, um Unfälle zu vermeiden.

> **DAS GERÖLL EINER GROSSEN RUTSCHUNG WÜRDE REICHEN, UM GANZ DEUTSCHLAND MIT EINER 50 METER DICKEN SCHUTTSCHICHT ZU BEDECKEN.**

ner Plastikröhre ausgekleidet, die ziehen wir raus, dann wird der Kern in Stücke geschnitten, versiegelt und ins Labor gebracht. Dort schneiden wir die Segmente der Länge nach durch, ziehen Proben und versuchen uns einen Reim auf das zu machen, was wir sehen.

Können Sie den Proben ansehen, wie häufig es zu Hangrutschungen kommt?
Kleine Rutschungen finden sehr häufig statt. Das jüngste mittelgroße Ereignis, das wir datiert haben, liegt vor Chile etwa 7000 Jahre zurück. Und diese riesigen Rutschungen, von denen ich sprach, finden vermutlich nur alle 200.000 Jahre statt. Leider haben wir bisher nur einen Bruchteil der Rutschungen datieren können. Aber nur wenn wir alle Rutschungen datieren, können wir abschätzen, wie häufig so etwas passiert – was auch die Menschen vor Ort natürlich am meisten interessiert.

Wie oft kommt es an Bord zu Überraschungen? Dass ein Sedimentkern völlig anders aussieht als erwartet?
Eigentlich ständig. Man geht ja immer mit einer Vorstellung an Bord, wie die Verhältnisse an einer bestimmten Stelle sind. Dann fährt man hin, nimmt eine Probe aus der Tiefsee, stellt fest, dass alles ganz anders ist und überlegt, woran es liegen könnte. Wir machen uns ein Bild von der Welt, wie sie da unten ist und sind ständig dabei, es neu zusammen zu setzen, zu korrigieren und zu verbessern.

Welche neuen Geschichten haben die Sedimentkerne Ihnen über die Abläufe am Meeresboden erzählt?
In einigen Kernen fanden wir dicke, dunkle Streifen: Dort hat sich Asche aus Vulkanausbrüchen abgelagert. Sie wird vom Wind auf den Ozean transportiert und setzt sich am Meeresboden ab. Unsere Vermutung ist, dass solche Aschelagen wie Rutschbahnen wirken können. Sie bilden Schwächezonen, an denen das Sediment darüber abrutschen kann. Das würde bedeuten, dass der Vulkanismus an Land indirekt Hangrutschungen im Ozean begünstigt.

Darüber haben Sie und Ihre Kollegen inzwischen auch Artikel in Fachzeitschriften veröffentlicht. Gab es noch weitere Aha-Erlebnisse?
Oh ja. Grundsätzlich unterscheidet man Hangrutschungen nach ihrer Wassertiefe, Hangneigung oder Größe. Aber die drei großen Rutschungen vor Chile fanden ausschließlich in einer bestimmten Region statt: nämlich auf einem Segment der Südamerikanischen Platte, das sich in der Vergangenheit mehrfach angehoben hat. Wir glauben daher, dass die Art und Stärke der Hangrutschung auch von den tektonischen Verhältnissen in einem Gebiet abhängt.

Ist in einer Subduktionszone also alles miteinander verbunden: Plattentektonik, Vulkanausbrüche, Erdbeben und Hangrutschungen?
Ja, das stimmt. Und noch ein neuer Aspekt kommt hinzu: Wir behaupten, dass Hangrutschungen auch das Verhalten von Erdbeben beeinflussen können.

Wie denn das?
Vor der Stadt Concepción ist das Material dieser großen Hangrutschungen sehr tief gerutscht – etwa 3000 Meter, bis in den Tiefseegraben hinein. Das Material taucht also seit mindestens einer Million Jahren – dem Alter der ältesten Rutschung, die wir gefunden haben – gemeinsam mit der Ozeanplatte in die Subduktionszone ab. Es hat aber andere physikalische Eigenschaften und eine andere Zusammensetzung als die Sedimente, die nördlich und südlich davon subduziert werden. Und jetzt kommt das Spannende: Die beiden schweren Erdbeben, die es in Chile in der Vergangenheit gegeben hat – das Valdivia-Beben von 1960 und das Maule-Beben von 2010 – endeten genau an dieser Stelle. Also dort, wo vor 1 Million Jahren diese große Rutschung stattfand. Dort stoppte der Bruch, während er sich in die andere Richtung jeweils bis zu 1000 Kilometer weiter ausbreitete.

Was bedeutet das?
Wir vermuten, dass die gerutschten Sedimente inzwischen so weit subduziert wurden, dass sie in der seismogenen Zone angekommen sind. Dort beeinflussen sie das Verhalten der Erdplatten und verhindern offenbar, dass sich Erdbeben weiter ausbreiten.

Muss man diesen Faktor in Zukunft in die Ermittlung erdbebengefährdeter Regionen einbeziehen?
Das könnte sein. Die These ist noch neu, vor allem mein Kollege Jacob Geersen geht ihr weiter nach. Aber viele Kollegen haben sie sehr gut aufgenommen, zum Beispiel auf der Herbsttagung der American Geophysical Union, einer der größten Tagungen von Fachleuten. Die Tatsache, dass Erdbeben immer an bestimmten Punkten stoppen, hat man auch schon an anderen Kontinentalrändern beobachtet. Auf die Idee, dass es mit dem subduzierten Material einer Hangrutschung zusammenhängt, ist noch niemand gekommen. Das wäre eine wirklich neue Erklärung.

Wie steht es um die sogenannten Methanhydrate am Meeresboden? Können

Zerstörung nach dem Tsunami am 11. März 2011 in Japan.

> MAN WIRD WOHL NIE GENAU WISSEN, OB EIN HANG IN 100 JAHREN ABRUTSCHT ODER SCHON MORGEN.

Nachterstedt, ein kleines Städtchen im Harzvorland. Am Morgen des 18. Juli 2009 gerieten hier auf einer Länge von rund 300 Metern etwa eine Million Kubikmeter Erdmassen in Bewegung. Ein zweistöckiges Doppelhaus wurde zerrissen und ein weiteres wurde vollständig zerstört. Zusammen mit Straße, Häusern, Aussichtsplattform, Gärten und Garagen rutschte der Hang in den angrenzenden Concordia See. Drei Menschen kamen ums Leben. Bis heute sind die genauen Ursachen unklar.

diese eisähnlichen Verbindungen ebenfalls Hangrutschungen und Tsunamis auslösen, wenn sie abschmelzen und den Kontinentalhang destabilisieren?

Ein solches Szenario ist vor Nord-Norwegen oder Grönland in jedem Fall denkbar. Dort liegen Methanhydrate in geringerer Tiefe und könnten von den steigenden Temperaturen der Ozeane in Zukunft angeschmolzen werden. Die Hänge würden dadurch tatsächlich instabil.

Über welchen Zeitraum sprechen wir dabei?

Das ist schwer zu sagen. Die Zone, in der die Methanhydrate stabil sind, verschiebt sich in einem kontinuierlichen Prozess in immer tiefere Gewässer. Denn die Hydrate benötigen bestimmte Druck- und Temperaturverhältnisse, um stabil zu bleiben. Unklar ist, ob das Methan dabei langsam entgast oder schnell und was das für die Festigkeit der Sedimente bedeutet. Da ist noch viel Forschung nötig. An den von uns untersuchten Subduktionszonen gibt es ebenfalls Gashydrate, aber sie liegen so tief, dass sie auch langfristig stabil sind und bezüglich Hangrutschungen keine Gefahr darstellen.

Haben Sie eine Hangrutschung jemals live erlebt? Ist es möglich, Zeuge eines solchen Ereignisses zu werden?

Mir selbst ist es nicht passiert, aber Kollegen haben dabei einen kleinen Schock erlebt. Amerikanische Forscher vom Monterey Bay Aquarium Research Institute in Kalifornien wollten in einem unterseeischen Canyon vor der Küste ein Strömungsmessgerät abstellen. Kaum hatten sie es platziert, war es auch schon weg. Eine Lawine hatte es mitgerissen.

Woran haben sie das gemerkt?

Sie hatten plötzlich keine Daten mehr und ahnten: Das Gerät war verschwunden. Später haben sie es dann wieder geortet, allerdings 2000 Meter tiefer. Als sie es an Bord zogen, war es ziemlich verbeult. Es wurde den gesamten Canyon hinuntergespült.

Worein münden Ihre neuen Erkenntnisse zu Hangrutschungen? Wird man sie bald besser vorhersagen können, um die Menschen zu warnen, die in gefährdeten Regionen leben?

Man wird wohl nie genau wissen, ob ein Hang in 100 Jahren abrutscht oder schon morgen. Aber man kann das Risiko einer Rutschung in der näheren Zukunft ermitteln. Mein Ziel ist es daher, Karten zu entwickeln, die anzeigen, welche Hänge im Ozean gefährdet sind: Weil sie sich aufgrund der Neigung oder der Beschaffenheit der Sedimente in einem Zu-

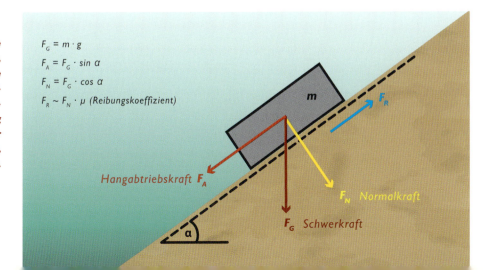

Kräfte am Hang. Gegenstände an einem Abhang (Sedimente, Erdbrocken, Geröll) können ins Rutschen geraten, wenn die Schwerkraft stärker als die Haftreibung ist. Weitere Faktoren, die eine Hangrutschung begünstigen oder auslösen können, sind die Neigung des Hangs, der Wasserdruck in den Poren der Sedimente, die Beschaffenheit des Materials, sowie das Auftreten von Erdbeben.

$F_G = m \cdot g$

$F_A = F_G \cdot \sin \alpha$

$F_N = F_G \cdot \cos \alpha$

$F_R \sim F_N \cdot \mu$ (Reibungskoeffizient)

Hangabtriebskraft F_A

F_N Normalkraft

F_G Schwerkraft

> **MEIN ZIEL IST ES, KARTEN ZU ENTWICKELN, DIE ANZEIGEN, WELCHE HÄNGE IM OZEAN GEFÄHRDET SIND.**

stand befinden, in dem ein Auslöser das Ganze in Bewegung setzen könnte. Diese Wahrscheinlichkeit einer Rutschung könnte man auf Karten farblich abgestuft markieren.

Damit könnte man auch bereits existierende Karten ergänzen, auf denen die Gefährdung durch Erdbeben oder Vulkanausbrüche verzeichnet ist? Sogenannte Hazard Maps?
Genau. An Land lässt sich inzwischen recht präzise sagen, welche Gebiete wodurch gefährdet sind. Bei Hangrutschungen müsste man viele Informationen zusammenfügen: Wie ist der Meeresboden beschaffen, wie viel Sediment lagert sich in welcher Zeit ab, wie oft gab es dort schon Rutschungen, welcher Art waren sie? Auch wie steil die Hänge sind und ob es Anzeichen für einen hohen Poren-Fluid-Druck gibt, ist wichtig. Aus all dem könnte man errechnen, wie hoch das Risikopotenzial an einem bestimmten Küstenabschnitt ist. So wollen wir mit unserer Forschung noch mehr zur Sicherheit vor Naturkatastrophen beitragen.

Dr. David Völker wuchs in München, Berlin und Bremen auf und studierte Geowissenschaften an der Universität Bremen. Er promovierte in Geophysik und spezialisierte sich früh auf die Fachgebiete Meerestechnik und Umweltforschung. Nach Forschungsstellen an der Universität Tübingen und der Freien Universität Berlin ist er seit 2006 Wissenschaftlicher Mitarbeiter im Fachbereich Geodynamik des GEOMAR | Helmholtz-Zentrums für Ozeanforschung Kiel. Von 2008 bis 2012 untersuchte er im Sonderforschungsbereich 574 unterseeische Rutschungen und Tsunamigefahren.

Unten: Simulation einer Hangrutschung mit anschließendem Tsunami an der Küste Kaliforniens. Die Wellen würden mit 20-30 Meter Höhe auf die Küste treffen, haben Forscher des Monterey Bay Aquarium Research Institute (MBARI) errechnet.

Die Sonne wurde 1978 vom Fischerei-Trawler zum Forschungsschiff umgebaut und immer weiter modernisiert. Viele bahnbrechende Entdeckungen in der Tiefsee gelangen mit ihrer Hilfe. Ab dem Jahr 2015 soll ein neues, noch moderneres Schiff sie ersetzen. Es befindet sich derzeit im Bau und wird ebenfalls „Sonne" heißen.

  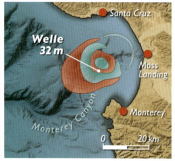 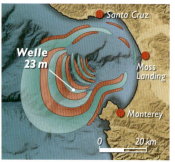

WASSER

„ DIE GEOPHYSIKERIN TAMARA WORZEWSKI TRÄGT DATEN ZUSAMMEN, DIE DAS ZUSAMMENSPIEL VON FEUER UND WASSER TIEF IN DER ERDE ANS LICHT BRINGEN.

WASSER – DER BLICK DER SCHLANGE

Wasser spielt eine zentrale Rolle an den Grenzen der Erdplatten. Nicht Regen- oder Grundwasser, sondern das Wasser der Ozeane. Tief unten im Meer, wo eine Platte unter eine andere abtaucht, von ihr quasi verschluckt wird und dabei einen Tiefseegraben von bis zu 11.000 Metern Tiefe bildet, dringt ein Teil des Ozeanwassers mit in diese Verschluckungszone hinein.

Von diesem Ozeanwasser hängt nicht nur ab, wo schwere Erdbeben entstehen, sondern auch, mit welcher Wucht Vulkane ausbrechen. Während das Wasser sich seinen Weg durch die Subduktionszone bahnt, beeinflusst es sämtliche tektonischen Ereignisse. Bislang wussten Geowissenschaftler nicht genau, wo und in welchem Zustand sich dieses abgetauchte Wasser überall befindet. Welche Wege es durch die Subduktionszone nimmt und wie es Erdbeben und Vulkanausbrüche steuert. Klar war nur: Das Wasser taucht Hunderte von Kilometern unter die Erdoberfläche ab – und steigt von dort aus zum Teil auf verschiedenen Wegen wieder nach oben.

Die Wissenschaftler des Sonderforschungsbereichs riefen eine Junior-Forschungsgruppe ins Leben, um dem Wasser auf die Spur zu kommen – wobei „Junior" die Förderung des wissenschaftlichen Nachwuchses durch die Deutsche Forschungsgemeinschaft (DFG) meint.

Für die Geophysikerin Tamara Worzewski war es der Startschuss für mehr als fünf Jahre Arbeit. Sie verbrachte schlaflose Nächte im Kieler Büro, erarbeitete gemeinsam mit ihren Kollegen Messmethoden, die den Fähigkeiten einer Schlange ähneln und schrieb Programme für ihre Auswertung.

Sie reiste nach Mittelamerika, nahm ungeahnte diplomatische Hürden und plagte sich mit der Seekrankheit. Bis sie Daten zusammengetragen hatte, die das Zusammenspiel von Feuer und Wasser tief in der Erde ans Licht bringen.

Geheimnisvoller Ozean. Welchen Einfluss das Meerwasser an den Plattengrenzen auf Erdbeben und Vulkanausbrüche hat, finden Wissenschaftler erst nach und nach heraus. Mit Hilfe neuer Messmethoden ging eine Forschungsgruppe den Wasserwegen in der Tiefe der Erdplatten auf die Spur.

Von der Tiefsee in den Dschungel. Auf einer 400 Kilometer langen Linie platzierten die Forscher um Tamara Worzewski Geräte, um die elektrischen und magnetischen Felder im Erdboden zu messen – sowohl am Meeresboden als auch in teils schwer zugänglichen Gebieten an Land.

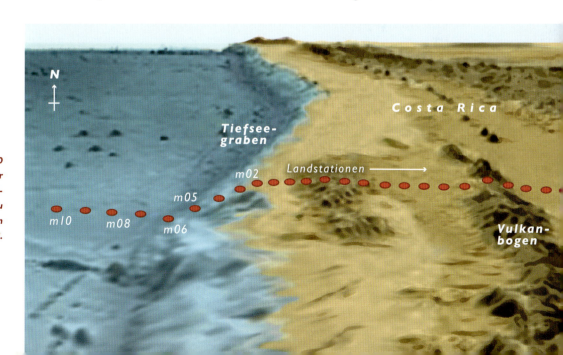

„ INTERVIEW MIT DR. TAMARA WORZEWSKI
EINE GEOPHYSIKERIN VOR UNGEWOHNTEN HERAUSFORDERUNGEN

Es klingt nach einer kaum lösbaren Aufgabe: Wasser aufzuspüren, das sich kilometerweit unter der Erdoberfläche befindet. Wussten Sie gleich, wie Sie dafür vorgehen müssen?

Wir hatten eine Idee, aber die musste sich bei den Kollegen erst einmal durchsetzen. Ähnlich wie ein Arzt einen Patienten mit Ultraschall, magnetischer Resonanz-Tomographie oder Abklopfen untersuchen kann, können Geowissenschaftler mit Seismometern, Echoloten oder Bohrkernen den Vorgängen in der Erde auf die Spur kommen. Darüber hinaus gibt es die Elektromagnetik. Wir waren überzeugt, die Wasserwege in einer Subduktionszone damit aufspüren zu können.

Was machte Sie dabei so sicher?

Wasserwege sind elektrisch leitfähig – und die Elektromagnetik erkennt diese Leitfähigkeit. Sie ist quasi die Schlange der Geowissenschaften. Die Seismik erkennt mit Schallwellen Kontraste zwischen Bodenschichten, so wie auch Hunde Kontraste gut sehen können. Die Gravimetrie erkennt dagegen die Dichte eines Gesteins genau – wie ein Nilpferd, das zwar unscharf sieht, aber Farben erkennt. Schlangen wiederum haben Sinnesorgane zur Wahrnehmung infraroter Strahlung. Damit können sie Tiere auch in Höhlen oder Erdlöchern aufspüren, in denen es vollkommen dunkel ist, oder nachts. Sie sehen genau, wo sie zubeißen müssen: an den heißen, durchbluteten Bahnen am Hals des Tieres.

Sie erkennen also quasi die Blutbahnen des Planeten?

So könnte man es ausdrücken. Wenn sich irgendwo in der Erde ein in sich vernetzter, flüssiger Bereich – vergleichbar einer Blutader – befindet, können Echolote, Seismik oder Gravimetrie diesen nicht so einfach erkennen. Bei uns erscheint er hingegen sehr klar, wenn auch ohne exakte Umrisse.

Wieso war es dann nötig, die Kollegen von dieser Methode zu überzeugen?

(Lacht) Methoden wie die Seismik sind weltweit viel etablierter. Und alles Neue ruft erst einmal Skepsis hervor. Aber meine spätere Chefin Marion Jegen, die die Forschungsgruppe leitete, und Katrin Schwalenberg, die

Rechts: Geschätzte 100 Blitze pro Sekunde gibt es weltweit. Mit enormer Energie bahnt sich der Blitz seinen Weg. Er formt einen Plasmakanal aus ionisierter Luft, in dem elektrische Ladungen zwischen Wolken und Erde hin und her strömen. Blitze liefern für die wissenschaftliche Methode der Magnetotellurik wichtige Signale.

Links: Analogie zu wissenschaftlichen Methoden. Während Menschen ein Schwein als buntes Bild wahrnehmen, sehen Hunde es schwarz-weiß und kontrastreich – ähnlich wie die Seismik, die Kontraste zwischen verschiedenen Bodenschichten darstellt, nicht aber erklärt, um welche Gesteine es sich handelt. Nilpferde erkennen das Schwein zwar verschwommen, aber dafür farbig – ähnlich der Gravimetrie, die Gesteinsdichten misst und die Seismik oft ergänzt. Schlangen wiederum nehmen die Blutbahnen eines Tiers mit Hilfe von Infrarotsensoren wahr – ähnlich wie die Elektromagnetik, leitende Bereiche im Erdinneren aufspürt.

> **WIR NEHMEN DIESE ELEKTROMAGNETISCHEN SIGNALE ERST WAHR, WENN SIE AUF EINEN ELEKTRISCHEN LEITER TREFFEN, SO WIE ANTENNEN ODER DIE ERDE.**

Links: Grünes Spektakel. Polarlichter entstehen, wenn Elektronen des Sonnenwindes auf Moleküle der Atmosphäre stoßen. Stickstoffatome senden dabei violettes bis blaues Licht aus, Sauerstoffatome reagieren je nach Höhe rot oder grün. Am häufigsten sind Polarlichter in der Nähe des magnetischen Nord- und Südpols zu sehen. Bei starker Sonnenaktivität können sie auch in tieferen Breiten auftreten.

Unten: Ein riesiges Magnetfeld schützt die Erde vor Sonnenwinden und anderer kosmischer Strahlung. Es wird von starken Strömungen im Erdkern hervorgerufen und hat einen magnetischen Nord- und einen Südpol, die im Laufe der Jahrhunderttausende mehrfach die Seiten gewechselt haben. In der Ionosphäre, der leitfähigen Schicht der Atmosphäre, erzeugen Sonnenwinde elektrische Ströme, die sich auf die Erde übertragen und den Forschern als Signal dienen.

heute an der Bundesanstalt für Geowissenschaften und Rohstoffe in Hannover arbeitet, haben schließlich die ersten deutschen Forschungsgruppen zur Elektromagnetik im Ozean gegründet, die sich unter anderem der marinen Magnetotellurik bedienen.

Was ist marine Magnetotellurik?
Der Begriff kommt aus dem Lateinischen: Tellus heißt „Erde". Daher kommt übrigens auch das deutsche Wort Teller: weil man im Mittelalter dachte, die Erde sei eine Scheibe. Magnetotellurik heißt, dass wir die elektrischen und die magnetischen Felder in der Erde messen. Und marin heißt, dass wir diese Messungen vom Ozeanboden aus durchführen.

Um welche elektrischen und magnetischen Felder in der Erde geht es?

Die meisten Leute kennen das natürliche Magnetfeld der Erde: Auf einem Kompass zeigt die Nadel zum magnetischen Nordpol. Außer diesem Primärfeld gibt es noch ein sekundäres Magnetfeld, das viel kleiner ist. Das Erdmagnetfeld hat eine Größe von etwa 60.000 Nano-Tesla – die Maßeinheit für magnetische Felder. Das kleinere Feld kommt meist auf gerade mal 100 Nano-Tesla.

Woher rührt dieses kleinere Magnetfeld?
Vor allem von der Sonne. Sie produziert Sonnenflecken, Wasserstoff-Fontänen und magnetische Stürme – und die treffen auf die Erde. Das Erdmagnetfeld schützt uns vor dieser kosmischen Strahlung, genauer: die Ionosphäre, die elektrisch leitfähige Schicht der Atmosphäre. Dort entstehen so ständig wechselnde Stromsysteme. Unterhalb der Ionosphäre erstreckt sich die Neutrosphäre bis zum Erdboden: Die Luft, in der wir leben, enthält keine leitfähigen Teilchen. Darin breiten sich die elektromagnetischen Wellen aus, sie werden in dem „Hohlleiter" zwischen Erde und Ionosphäre hin und her reflektiert. Genau wie Radiowellen. Aber auch Blitze liefern ein Quellsignal für die Magnetotellurik: Weltweit finden etwa 100 Blitze pro Sekunde statt, in denen elektrische Ladungen hin und her strömen. Wir nehmen diese elektromagnetischen Signale erst wahr, wenn sie auf einen elektrischen Leiter treffen, so wie Antennen oder die Erde.

Ist alles in der Erde elektrisch leitfähig?
Im Vergleich zur Luft schon. Aber es gibt große Unterschiede in der Leitfähigkeit einzelner Materialien. Die elektromagnetischen Signale dringen tief in die Erde ein und erzeugen dort Stromsysteme, die von der Verteilung der elektrischen Leitfähigkeiten im Erdinnern abhängen. Diese elektrischen Ströme produzieren wiederum ein Magnetfeld, das sich mit dem natürlichen Eingangssignal überlagert. Ich gebe zu, es ist kompliziert. Aber so entsteht ein Signal aus der Tiefe, das wir messen können. Es ist ähnlich wie bei diesen neuartigen Induktionsherden…

…bei denen alles rasend schnell heiß wird. Mir ist bei Freunden neulich darauf der Kaffee übergekocht.
Genau. (lacht) In der Herdplatte entsteht ein magnetisches Wechselfeld, das im Topf Wirbelströme erzeugt und so Wärme produziert. Aufgrund des physikalischen Prinzips der Induktion fließen auf ähnliche Weise Ströme im Erdinnern – allerdings keine Wirbelströme, die die Erde erhitzen würden. Sondern ein relativ gleichförmiges Feld, das wir messen können.

Wie suchen Sie auf diese Weise nach Wasserwegen?
Uns interessieren die Unterschiede in der Leitfähigkeit des Erdbodens. Reines Wasser ist nicht sehr leitfähig, aber in der Sub-

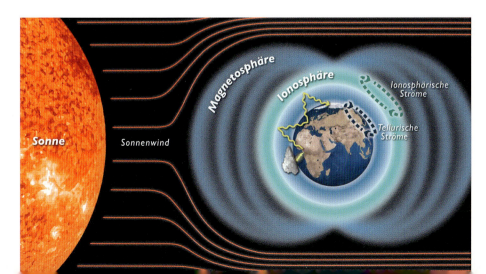

> ICH BIN FURCHTBAR SEEKRANK GEWORDEN.
> WIR DACHTEN, DAS SCHIFF WÜRDE SINKEN.

duktionszone ist es mit Salz und Mineralien versetzt und leitet Strom viel besser als die Gesteinsschichten in der Umgebung. Wir suchen aber auch nach Schmelzen: Wenn Gestein durch die Hitze partiell im Erdinneren schmilzt, wird es ebenfalls sehr leitfähig.

Können Sie sehen, wo das Wasser herkommt und wo es hingeht?
Sagen wir es so: Wir helfen unseren Kollegen, ihre Annahmen zu überprüfen. Erdbebenforscher wissen, wo Erdbeben entstehen. Vulkanologen wissen, wo Magmen entstehen. Und Petrologen, Geochemiker und Modellierer schätzen ab, in welchen Tiefen und unter welchen Drücken Wasser aus der Ozeanplatte frei werden müsste. Ihre Ergebnisse ergänzen sich gut. Aber niemand konnte bisher überprüfen, ob die Zusammenhänge wirklich bestehen.

Wie sind Sie vorgegangen? Subduktionszonen erstrecken sich über Tausende Kilometer, reichen von Vulkangipfeln bis zum Tiefseeboden und weit ins Erdinnere hinein.
Wir haben an der Subduktionszone von Costa Rica entlang einer 400 Kilometer langen Linie Magnetometer in bestimmten Abständen am Meeresboden abgesetzt. Diese Linie beginnt im Ozean und setzt sich an Land fort, wo Kollegen der Freien Universität Berlin in Kooperation mit unserem Sonderforschungsbereich Magnetometer aufgestellt haben.

Was misst so ein Magnetometer?
Die Stärke des Magnetfelds, in einer bestimmten Frequenz. Zudem misst unser Instrument die Potenzialdifferenz – die Spannung zwischen zwei an ihm befestigten Elektroden. Über den Abstand dieser Elektroden wissen wir, wie groß das elektrische Feld im Untergrund ist. Wenn wir die Stärke des magnetischen und des elektrischen Feldes kombinieren, können wir auf die Leitfähigkeit des Untergrunds schließen.

Das versteht man wohl nur, wenn man Physik studiert hat?
Es basiert auf den Maxwellschen Gleichungen. Physikalische Gleichungen, die Sir James Clerk Maxwell aufgestellt hat, ein sehr schlauer, schottischer Physiker aus dem 19. Jahrhundert. Den kennt wohl wirklich nur, wer Physik studiert hat. Oder *Big Bang Theory* guckt, eine meiner Lieblings-Fernsehserien. (lacht) Jedenfalls hat Maxwell die Erkenntnisse anderer Physiker wie Faraday, Gauß oder Ampère zusammengefasst zu den großen Gesetzen der Elektromagnetik. Diese besagen, dass ich nur das elektrische und das magnetische Feld messen muss, um die Leitfähigkeit im Untergrund zu erfassen.

Ihre Geräte haben Sie von einem Schiff aus am Meeresboden platziert?
Ja, aber bis dahin war es ein langer Weg. Die großen Fahrten mit den Forschungsschiffen waren beendet, wir wollten ein Schiff der Küstenwache nutzen. Aber dafür musste das costa-ricanische Sicherheits- und Verkehrsministerium sein Okay geben, was eine Kooperation mit der deutschen Botschaft erforderte. Zusätzlich brauchten wir für den Import der Geräte und die Logistik die Zusammenarbeit mit einem costa-ricanischen Institut und landeten beim Elektrizitätswerk, dem ICE, die bereits mit dem SFB zusammengearbeitet hatten. Von den Erfahrungen der Kollegen habe ich sehr profitiert. Es waren ungezählte Telefonate nötig, ich musste hinreisen und allen Beteiligten erklären, was wir vorhaben. Bis schließlich auch der Sicherheits- und Verkehrsminister von Costa Rica voller Elan sagte: Ja, wir helfen euch!

Gab es Momente, in denen Sie alles in Frage gestellt haben?
Sie glauben gar nicht wie häufig. Projekte und auch Doktorarbeiten können an solchen Dingen leicht scheitern. Aber genau das ist zugleich Motivation. Man möchte es schaffen. Da verbringt man auch Nächte im Institut, weil Costa-Ricaner nach deutscher Zeit nur nachts ans Telefon gehen, wegen der Zeitverschiebung. Zum Glück hatte ich die volle Unterstützung meiner Betreuerin Marion Jegen. Als in der Hafenstadt Punta Arenas sämtliche Ausrüstung an Bord des

Schwere See. Die Wissenschaftler sind Wellen und Wind ausgeliefert, bei Forschungsfahrten kann die Seekrankheit jederzeit zuschlagen. So erging es Tamara Worzewski während einer Expedition vor Costa Rica. Umso größer war die Erleichterung, als das Forschungsvorhaben dennoch gelang – dank vieler hilfreicher Kollegen.

> **WIR HABEN DIE MAGNETOMETER VON EINER FIRMA BAUEN LASSEN, DIE SONST GERÄTE FÜR DEN EINSATZ IM WELTALL LIEFERT.**

Schiffes war, konnte ich etwas aufatmen. Die Fahrt selbst dauerte dann nur drei Tage – drei Horror-Tage.

Wieso Horror?
Weil ich furchtbar seekrank geworden bin. Wir saßen mit dem Kapitän in der Koje – Yvonne Dzierma aus der Seismologie war als Übersetzerin dabei, wir teilten uns die Pritsche – und beobachteten ein Kruzifix am Bücherregal. Das Schiff neigte sich so weit nach links, dass das Regal in einen Winkel von 45 Grad zum senkrecht baumelnden Kreuz geriet. Dann ging es genau so weit nach rechts und so weiter. Wir dachten, das Schiff würde sinken.

Aber Sie haben alle Stationen zum Meeresboden befördern können?
Ja. Mit Hilfe eines Krans haben wir ein Dutzend Stationen an vorher ausgewählten Koordinaten über Bord geschmissen. Einige in wenigen 100, andere bis in über 3000 Meter Meerestiefe – das ist absolute Tiefsee. Dort ist es stockduster, saukalt und es herrscht ein enormer Wasserdruck. Marion Jegen hat die Magnetometer deshalb von einer Firma bauen lassen, die auch Geräte für den Einsatz im Weltall liefert. Die Elektroden stammen aus Japan, dort haben sie viel Erfahrung mit der Tiefseeforschung.

Wann haben Sie die Stationen wieder eingeholt?
Nach einem halben Jahr sind Kollegen von mir mit einem Fischerboot rausgefahren. Bis auf ein Gerät wurden alle gefunden. Die Batterien hielten aber statt der geplanten sechs Monate nur vier. So ist es eben, wenn man Dinge zum ersten Mal macht.

Und dann mussten Sie viele Gigabytes Daten auswerten.
Das dauerte mehr als ein Jahr. Alles war zunächst völlig gestört, weil Strömungen und Seegang die Stationen zum Wackeln gebracht hatten. Vieles konnte ich leicht herausrechnen. Aber ab einer bestimmten Stärke der Störung wurde es schwierig. Ich musste die richtigen und wichtigen Daten herausfiltern, um sie in ein Inversionsprogramm zu stecken, das Ergebnisse in Form von bunten Bildern ausspuckt. Dafür musste ich viel selbst programmieren. Das ist normal für Geophysiker. Wenn wir keine Arbeit in der Forschung mehr finden, werden wir Lehrer, Taxifahrer oder Programmierer. Auch wenn ich gestehe, dass es nicht meine Lieblingsbeschäftigung ist.

Dann kam der Moment, in dem die Kuh das Wasser lässt, wie man so schön sagt: Wie fließt denn nun das Wasser durch die

Technik aus der Weltraumforschung für die Tiefsee: Ein Ozeanboden-Magnetometer (OBM) wird ausgesetzt. Im silbernen, druckfesten Titanzylinder befinden sich ein Magnetometer zur Messung der magnetischen Fluktuationen, sowie ein Datenlogger zur Speicherung der Messdaten. An den schwarzen Tuben sind Tiefsee-Elektroden befestigt, zum Absinken ist das Gerät mit einem Betonanker verbunden.

> ES IST NICHT SELBSTVERSTÄNDLICH, DASS WISSENSCHAFTLER VERSCHIEDENSTER FACHRICHTUNGEN MITEINANDER REDEN – UND ZWAR SO, DASS SIE SICH VERSTEHEN.

Subduktionszone?
Unser Ergebnis ist ein Bild, in dem verschiedene Farben die unterschiedliche Leitfähigkeit des Untergrunds anzeigen. Damit sind wir zu den Kollegen aus den anderen Geowissenschaften gegangen und haben sie gefragt: Was seht ihr da?

Konnten Sie selbst nichts erkennen?
Das ist der entscheidende Unterschied zwischen Geophysikern und Geologen: Ein Geophysiker produziert schöne Abbilder und fragt den Geologen, was sie bedeuten. Die Platte, die in den Subduktionsprozess hinein kommt, besteht jedenfalls aus ozeanischer Kruste und ist nur sehr gering leitfähig, bei uns also blau markiert. Bis auf die oberste, rote Schicht: Das marine Sediment ist durchzogen mit Salzwasser. Bis hierher bestätigen unsere Ergebnisse das gängige Wissen über den Aufbau der Erde. Dann bewegt sich die Ozeanplatte in die Subduktionszone hinein. Und in dem Moment, wo sie sich dem Tiefsee-Graben nähert, entstehen Biegungsbrüche.

Offenbar ist die Platte dort viel leitfähiger.
Richtig! Dort tritt Flüssigkeit ein: in die unteren Sedimente, die Ozeankruste und den oberen Erdmantel. Später wird dieses Wasser nach und nach wieder frei, je nachdem wie stark es im Gestein gebunden ist. Als erstes tritt es aus den Poren des Sediments und Klüften der Ozeankruste aus, und zwar genau vor der seismogenen Zone mit ihren starken, häufigen Erdbeben. Unser Ergebnis bestätigt die Annahmen der Erdbebenforscher: Wenn das Wasser fehlt, brechen die Platten leichter. Es deckt sich aber auch mit Entdeckungen der Kollegen in der Tiefsee vor Costa Rica. Dort gibt es Stellen am Meeresboden, aus denen kaltes Wasser sickert. So genannte Cold Seeps.

Über diese Oasen der Tiefsee erfahren wir im nächsten Kapitel noch mehr.
Sie haben ermittelt, dass das Wasser aus einer Tiefe von etwa 12 Kilometern stammen muss. Da haben wir laut Hurra gerufen. Denn unsere rote Region liegt ebenfalls in rund 12 Kilometern Tiefe. Das Wasser, das unmittelbar vor der seismogenen Zone frei wird, steigt offenbar zum Teil so weit auf, dass es am Meeresboden wieder austritt!

Wie sieht es weiter unten aus, wo die Platte in Richtung Erdinneres verschwindet?
In über 100 Kilometer Tiefe wird die abtauchende Platte erneut leitfähiger. Dort ist die Auflösung unserer Daten geringer, wir sind vorsichtig mit einer Aussage. Aber wir vermuten, dass dort ein bestimmtes Gestein entwässert: Serpentinit. Es entsteht, wenn

Von einem Fischkutter aus wurden die Magnetometer nach sechs Monaten wieder eingesammelt. Die See blieb bei dieser Ausfahrt ruhig. Die Positionen der Stationen wurden zuvor per Satellitennavigation gespeichert. Ein akustisches Signal löst die Magnetometer von ihrem Betonanker, orangefarbene Auftriebskörper bringen sie an die Oberfläche. Ein Blitzlicht und ein Funksender lotsen die Forscher zu den im Ozean treibenden Stationen.

Pelikane begleiten die Forscher bei einer Ausfahrt auf dem Pazifik vor Chile

> DIE „ANOMALIE G" IST OFFENBAR EIN GLOBALES PHÄNOMEN.
> NUR IST ES VORHER NIEMANDEM AUFGEFALLEN.

Wasser in die Ozeankruste und den oberen Erdmantel eindringt. Erst bei viel höheren Drücken und Temperaturen wird dieses Wasser wieder frei – nämlich tief in der Subduktionszone.

Was passiert mit diesem Wasser?
Man nimmt an, dass es zum Teil in den Mantelkeil der darüber liegenden Platte aufsteigt, das Umgebungsgestein zum Schmelzen bringt und Magma erzeugt, das die Vulkane speist. Hier liegt also der wichtigste Grund für den besonders starken Vulkanismus in Subduktionszonen verborgen – und wir haben ihn für Costa Rica sichtbar gemacht. Nur eines können wir noch nicht ganz erklären: In der Nähe des Vulkanbogens liegt eine weitere leitfähige Stelle, in 20 bis 30 Kilometer Tiefe. Wir nennen sie „Anomalie G". Wir haben sie mit elektromagnetischen Messungen aus anderen Subduktionszonen verglichen: Überall findet sich eine solche Anomalie, stets an derselben Stelle, schräg unterhalb der Vulkane. Es ist offenbar ein globales Phänomen. Nur ist es vorher niemandem aufgefallen.

Wie erklären Sie sich diese Anomalie?
Gute Frage, in jedem Fall muss dort Wasser sein. Die Geologen Armin Freundt und Steffen Kutterolf haben eine Diskrepanz im Wasserhaushalt von Subduktionszonen errechnet: Die eintretende Wassermenge ist größer als die Menge, die über Cold Seeps und Vulkane wieder austritt. Auch wenn man das Wasser hinzu nimmt, das mit der Platte in den tiefen Erdmantel abtaucht, fehlen etwa 10 bis 30% der ursprünglichen Wassermenge.

Und Sie vermuten, dass dieses Wasser sich in die Anomalie G verkrochen hat?
Ein Teil lagert sich womöglich dort an, ja. Wie es dort hinkommt, ob es mehr wird oder sich weiter bewegt, können wir nicht sagen. Vielleicht speist es auf irgendeine Art

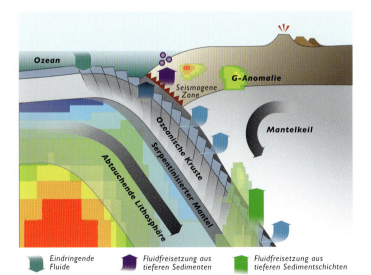

Links: Wasserwege in einer Subduktionszone. Ozeanwasser dringt in die abtauchende Platte ein, wird mineralisch gebunden und tritt in verschiedenen Tiefen wieder aus. Es speist kalte Quellen am Meeresboden und Vulkanschmelzen. Die Entdeckung der Forscher: Ein Teil des Wassers sammelt sich in der „G-Anomalie". Dieses Reservoir in 20 bis 30 Kilometern Tiefe gibt es an allen Subduktionszonen der Erde – seine Bedeutung ist noch nicht erforscht.

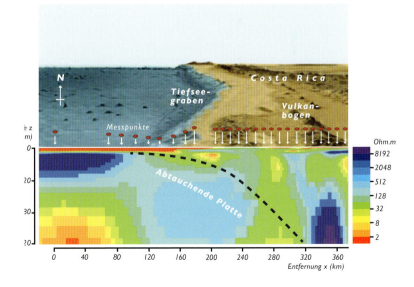

Unten: Das Ergebnis der elektromagnetischen Messungen. Leitfähige Regionen im Erdboden sind rot gefärbt, nicht leitfähige blau bis violett. Vom Tiefseegraben vor der Küste Costa Ricas und Nicaraguas aus taucht die Cocos-Platte unter die Karibische Platte ab. Wegen des dabei austretenden Wassers ist die Leitfähigkeit entlang der abtauchenden Platte erhöht (grün-gelbe Regionen). An roten Stellen wird besonders viel Wasser frei. Auch der heiße Erdmantel, ganz links unten, ist sehr leitfähig.

WIR HABEN MONATELANG DARAN GESESSEN UND ICH HATTE ANGST, DASS DIE KOLLEGEN, DIE DEN ARTIKEL PRÜFEN, MICH IN DER LUFT ZERREISSEN.

und Weise den Vulkan. Laut der Seismologen der Christian-Albrechts-Universität zu Kiel um Wolfgang Rabbel findet man vor Vulkanbögen in Subduktionszonen oft eine Reihe von Erdbeben, in der Nähe der G-Anomalie, die sich teils bis zu den Vulkanen hin erstrecken. Vielleicht entstehen dabei Wasser-Wegsamkeiten, die den Vulkanismus mit befeuern, die wir aber wegen ihrer geringen Größe nicht sehen können.

War diese Erkenntnis für Sie das Highlight des Projekts?
Das Highlight war, dass unser Artikel über diese Anomalie und die Zusammenhänge in der Subduktionszone im Fachjournal *Nature Geoscience* veröffentlicht wurde. Wir haben monatelang daran gesessen und ich hatte Angst, dass die Kollegen, die den Artikel prüfen, mich in der Luft zerreißen. Aber alles ging gut – und die Promotion fiel mir anschließend sehr leicht.

Reisen Sie jetzt um die Welt und tasten weiter Subduktionszonen ab?
Nein, obwohl die Zusammenarbeit im Sonderforschungsbereich großartig war und ich unglaublich viel gelernt habe. Es klingt banal, aber es ist nicht selbstverständlich, dass Wissenschaftler verschiedenster Fachrichtungen miteinander reden – und zwar so, dass sie sich verstehen. Aber es hat mich stark vereinnahmt und war folglich auch oft mit viel Stress verbunden. Daher werde ich eine Zeitlang etwas anderes machen, was sich vielleicht auch besser mit meiner jungen Familie vereinbaren lässt – in Berlin, meiner Heimatstadt. Auch wenn mich so einige offen gebliebene Fragen der Geophysik in Zukunft sicher wieder jucken werden.

Dr. Tamara Worzewski studierte Geophysik an der Freien Universität Berlin und nahm an Exkursionen nach Polen, Chile, Südafrika und Indonesien teil. Von 2006 bis 2011 arbeitete sie als Wissenschaftliche Assistentin in der Junior-Forschungsgruppe „Marine Elektromagnetik" des Sonderforschungsbereichs 574 am heutigen GEOMAR | Helmholtz-Zentrum für Ozeanforschung Kiel und der Christian-Albrechts-Universität zu Kiel. Für ihre Dissertation über die Wasserkreisläufe an der costa-ricanischen Subduktionszone testete sie neue Instrumente der marinen Magnetotellurik, entwickelte Algorithmen zur Datenauswertung und präsentierte ihre Ergebnisse auf internationalen Konferenzen.

Die Ozeane bedecken mehr als zwei Drittel der Erdoberfläche, die Tiefsee ist der größte Lebensraum der Erde – und dennoch sind die Meere erst zu einem Bruchteil erforscht. Großprojekte wie der Sonderforschungsbereich 574 tragen dazu bei, dies zu ändern.

TIEFSEE

„ GEMEINSAM MIT SEINEM TEAM HAT PETER LINKE EINE WELT ERFORSCHT, ZU DER NUR WENIGE MENSCHEN ZUGANG HABEN: DIE TIEFSEE.

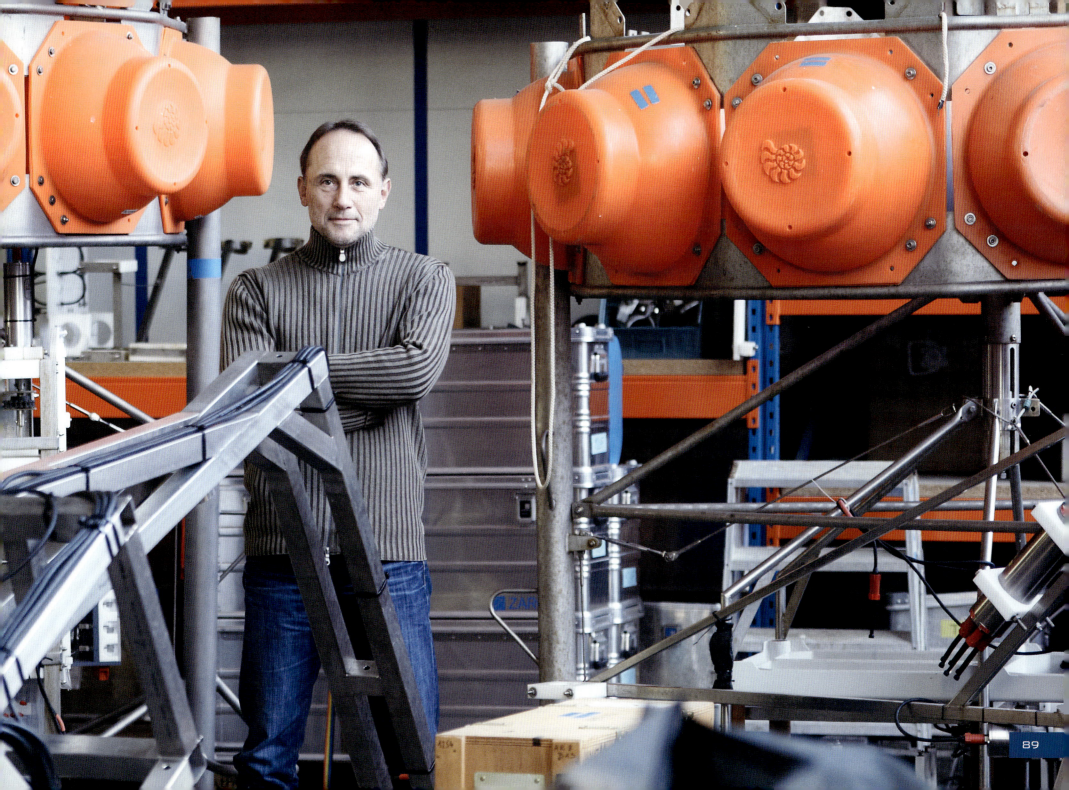

TIEFSEE – OASEN DES LEBENS

Scheinbare Ruhe. Die Oberfläche des Pazifiks lässt nicht erahnen, welche Lebensvielfalt sich auch noch in Tausenden Metern Meerestiefe verbirgt. Um sie zu entdecken, bedarf es modernster Tiefseetechnik – und hochseetauglicher Forschungsschiffe wie der „Sonne".

„Man muss sich die Welt dort unten zunächst recht öde vorstellen: Ab und zu sieht man einen Fisch, Seesterne oder eine Seegurke. Doch dann ändert sich die Szenerie schlagartig." Peter Linke, Biologe am GEOMAR | Helmholtz-Zentrum für Ozeanforschung Kiel, berichtet mit leuchtenden Augen von einer wenige Monate zurück liegenden Schiffsreise. Gemeinsam mit seinem Team hat er eine Welt erforscht, zu der nur wenige Menschen Zugang haben: die Tiefsee. Sie reicht bis zu 11.000 Meter hinab und bedeckt fast zwei Drittel der Erdoberfläche. Damit ist sie der größte Lebensraum der Erde. Doch noch immer sind nur etwa fünf Prozent der Tiefsee erforscht. Kein Wunder: Dort ist es dunkel und kalt, es herrscht ein extremer Wasserdruck – Menschen können nur mit High-Tech-Geräten vordringen, wie den ferngesteuerten Tauchrobotern Quest und Kiel 6000.

Mit Hilfe dieser ROVs (Remotely Operated Vehicles) tauchten Peter Linke und seine Kollegen vor Costa Rica und Chile mehrfach zum Meeresboden ab. Verbunden über ein kilometerlanges Kabel, sendeten die Roboter Live-Bilder aus der Tiefsee in den Kontrollraum auf dem Schiff. „Erst tauchten einzelne Muschelschalen auf den Monitoren auf, dann ganze Muschelbänke. Auch Kalk-Blöcke, an denen Tiere saßen, sahen wir – und Korallen," schildert es Linke. „Und schließlich war der Boden bedeckt von Wäldern aus Röhrenwürmern." Die Funde der Meeresforscher beweisen erneut, dass die Tiefsee alles andere ist als eine tote Wüste. An ihrem Grund verbergen sich Oasen des Lebens, von denen lange Zeit niemand etwas ahnte.

Doch die Forscher interessiert nicht nur die Artenvielfalt am Meeresboden. Die Tiefsee-Oasen sind Wegweiser zu einem erst in den 1980er Jahren entdeckten Phänomen: Stellen am Meeresboden, aus denen kaltes Wasser austritt, gesättigt mit dem Erdgas Methan. Sogenannte Cold Seeps. Sie bilden nicht nur die Grundlage für zahlreiche Lebewesen, sondern können auch das Klima der Erde beeinflussen. Das austretende Methan kann in der Atmosphäre den Treibhauseffekt verstärken. Umfassend und gründlich sind Peter Linke und seine Kollegen im Sonderforschungsbereich 574 daher der Bedeutung, den Zusammenhängen und dem Gefahrenpotenzial der Cold Seeps auf den Grund gegangen.

Am stählernen Faden. Der Tauchroboter ROV Kiel 6000 ist über ein mit Stahl umwickeltes Glasfaserkabel samt Hochspannungsleitern mit dem Mutterschiff verbunden. Diese 6500 Meter lange „Nabelschnur" ermöglicht die Steuerung des Roboters von Bord des Schiffes aus. Die Abkürzung ROV steht für Remotely Operated Vehicle – ferngesteuertes Gefährt.

INTERVIEW MIT PETER LINKE
EIN MEERESBIOLOGE WIRD ZUM TIEFSEE-PIONIER

Wie groß war die Überraschung, als die Cold Seeps, diese kalten Oasen der Tiefsee, erstmals entdeckt wurden?
Sehr groß, niemand hatte damit gerechnet. In den 1980er Jahren forschte der Mitbegründer dieses Sonderforschungsbereichs Erwin Suess vor der Küste Oregons, im Westen der USA. Fischer erzählten ihm von seltsamen Gesteinsblöcken, die sie in ihren Netzen fanden: Blöcke aus Karbonat – ein Stoff, der entsteht, wenn Organismen Methan abbauen. Erwin Suess ging der Herkunft dieser Blöcke nach und stieß 1984 vor Oregon auf die kalten Sickerstellen voller Leben. Erst kurz zuvor waren sie auch im Golf von Mexiko entdeckt worden.

Wann bekamen Sie selbst die Cold Seeps zum ersten Mal zu Gesicht?
Schon wenig später. Ich hatte meine Doktorarbeit in Meeresbiologie an der Universität Kiel beendet und begleitete 1990 eine Fahrt auf dem amerikanischen Forschungsschiff Atlantis vor Oregon, unter Erwin Suess' Leitung. Mit dem bemannten Tauchboot *Alvin* gingen wir auf 700 Meter Tiefe hinab und fanden uns in der Welt der Cold Seeps wieder. Mit einem umgestülpten Fass und einer Strömungssonde maßen wir erstmals die Ausströmgeschwindigkeit der Fluide. Sechs Jahre später ließen wir vor Alaska vom deutschen Forschungsschiff Sonne aus einen Tauchroboter bis in 5000 Meter Tiefe hinab – seismische Messungen hatten Hinweise auf Cold Seeps geliefert. Gleich beim ersten Versuch stießen wir auf Kolonien der charakteristischen weißen Muscheln, die immer wieder im gleichen Tiefenbereich auftauchten. Ein phantastisches Erlebnis – bis die Glasfasern im Kabel des Roboters rissen. Wir konnten das Gerät bergen, es blieb jedoch bei diesem einen Tauchgang.

Seither haben Sie sich auf die Erkundung der Cold Seeps spezialisiert. Warum?
Ihre Entdeckung war eine Art zweite Revolution in der Tiefseeforschung. Lange dachte niemand, dass es im Ozean ohne Sonnenlicht und Pflanzen – die wachsen nur bis in 200 Meter Tiefe – größere Ansammlungen von Tieren geben könnte. Aber 1977 war man auf die Schwarzen Raucher gestoßen: eine Art Kaminschlote am Meeresboden, aus denen heißes Wasser sprudelt, voller Chemikalien und Mineralien. Dort leben Tausende, zum Teil noch unbekannte Tierarten, auf Basis von Chemosynthese betreibenden Bakterien: Ähnlich wie Pflanzen Photosynthese mit Hilfe des Sonnenlichts betreiben, nutzen sie Schwefelwasserstoff zur Energiegewinnung. Das war die erste Revolution. Dass es in der Tiefsee zudem auch kalte Quellen gibt, an denen das Leben blüht, war die nächste Überraschung. Sie hält uns bis heute in Atem.

Oasen in rund 1000 Meter Tiefe. Weiße Riesenmuscheln, weiße Matten aus Schwefelbakterien und dünne Röhrenwürmer sind typische Siedler an Cold Seeps. Manche der Tiere haben keine eigenen Verdauungsorgane, sondern leben in Symbiose mit den schwefelverarbeitenden Bakterien. Groß werden sie dennoch: Die Muscheln haben 30 Zentimeter Durchmesser, die Röhrenwürmer sind bis zu 2 Meter lang.

Leben ohne Sonnenlicht. Die Tiergemeinschaften an Cold Seeps – kalten Sickerstellen in der Tiefsee – leben von Bakterien, die Schwefelwasserstoff zur Energiegewinnung nutzen. Der Schwefelwasserstoff wiederum wird von methanfressenden Mikroben produziert, die im Sediment leben. Für sie sind die methanhaltigen Sickerstellen wie ein Schlaraffenland.

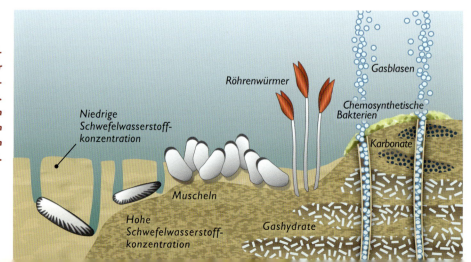

> **DIE SUCHE NACH DEN COLD SEEPS ÄHNELT EIN WENIG DER SUCHE NACH DER NADEL IM HEUHAUFEN.**

Links: Blaue Stunde auf der „Sonne". Ein Videoschlitten wird mit Hilfe eines Schiebebalkens vom Schiff aus in die Tiefsee hinab gelassen. Dort zieht das Schiff den Schlitten in geringem Abstand über den Boden. Mit Hilfe einer senkrecht nach unten blickenden Kamera suchen die Forscher nach den Tiergemeinschaften an Cold Seeps – und stoßen immer wieder auf neue Überraschungen in der kaum erforschten Tiefsee.

Rechts: Live-Bilder aus der Tiefsee. Vom Kontrollraum aus steuern die Forscher den Tauchroboter ROV Kiel 6000. Auf den Monitoren sehen sie, was seine Videokameras übertragen. Kameras, Scheinwerfer und Greifarme ersetzen Augen und Hände der Forscher am Meeresgrund. Außerhalb der Lichtkegel herrscht ewige Dunkelheit.

Wovon leben die Tiere an den kalten Sickerstellen?
Indirekt von Methan, das dort frei wird. Zunächst wird es von Mikroben verarbeitet; Einzeller, für die solche Gebiete ein richtiges Schlaraffenland sind. Sie oxidieren Methan unter Zuhilfenahme von Sulfat aus dem Meerwasser. Dabei produzieren sie Schwefelwasserstoff, der schließlich Kolonien von Schwefelbakterien anzieht. Das können richtige Monster-Bakterien sein: Zum Teil sind sie so groß, dass sie gut sichtbare, gelblich-weiße Matten am Meeresboden bilden. Manche Schwefelbakterien werden von Tieren wie Muscheln und Röhrenwürmern in den Körper aufgenommen.

Die Bewohner der Cold Seeps müssen keine Beute jagen oder fangen, sondern fressen die Bakterien?
Sie fressen sie nicht, sondern leben mit ihnen in Symbiose. Die Bakterien versorgen ihr Wirtstier mit Vitaminen, Zucker und Aminosäuren. Im Gegenzug liefern Muscheln und Würmer Sauerstoff, Schwefelwasserstoff und Kohlendioxid aus der Umgebung, wovon die Bakterien leben. Manche dieser Wirtstiere haben nicht einmal ein Verdauungsorgan, weil sie von den Bakterien alles bekommen, was sie brauchen.

Woher stammen das Wasser und das Methan, die an den Cold Seeps austreten?
Das Wasser stammt aus den darunter liegenden Sedimenten, wobei je nach geologischer Situation unterschiedliche Tiefenstockwerke angezapft werden. Vor Costa Rica beispielsweise wurde dieses Wasser vor Hunderttausenden von Jahren zusammen mit den Sedimenten der Ozeanplatte abgelagert und tauchte mit der Platte ab. Unter dem Druck und in der Hitze von bis zu 150 Grad Celsius, die hier in etwa 12 Kilometern Tiefe in der Subduktionszone herrschen, wird der Anteil mineralisch gebundenen Wassers wieder aus den Mineralen gelöst. So entsteht ein Überdruck. Das Wasser bahnt sich entlang von Störungszonen in den Sedimenten seinen Weg langsam nach oben, vermischt sich mit umgebendem Porenwasser und tritt am Meeresboden aus. Dort ist es bereits auf die Temperaturen des Bodenwassers abgekühlt, also zwischen 2 und 4 Grad Celsius.

Und wie kommt das Methan ins Wasser?
Im Meeresboden ist oft jede Menge Methan vorhanden – es bildet sich überall dort, wo sich ausreichende Mengen organischen Materials abgelagert haben, also die Reste von Pflanzen und Tieren. Dieses Material wird in tiefen Sedimentschichten über die Jahrmillionen in Methan umgewandelt. Entweder von Bakterien – dann nennen wir es biogene Methanbildung. Oder aufgrund der Wärme: Ab einer Temperatur von etwa 60 Grad Celsius kommt es zur thermogenen Methanbildung. Aufsteigende Fluide nehmen das Methan auf und transportieren es an die Oberfläche. Meist entlang von Störungen, Verwerfungen und Klüften.

Jede Subduktionszone blubbert also quasi an einigen Stellen vor sich hin?
Ja, dabei passieren zum Teil kuriose Dinge: Wenn das Wasser viel Sediment nach oben

> **DIE COLD SEEPS SPIELEN FÜR VIEL MEHR TIERARTEN IM OZEAN EINE ROLLE, ALS MAN VERMUTEN WÜRDE.**

transportiert, wächst am Meeresboden ein Schlammvulkan – ähnlich denen, die es in Kollisionszonen auch an Land gibt, in Italien, am Schwarzen Meer oder im Kaukasus. Ein Gemisch tritt aus, das aufgrund seiner geringen Dichte in tieferen Erdschichten nicht stabil war. Das über ihm lagernde Sediment übte so großen Druck aus, dass es an Schwächezonen nach oben stieg. Am Meeresboden ergießt es sich zu einer Art riesiger Kuhfladen. Die begraben auch schon mal Tiere unter sich – oder Messgeräte. (lacht) An den Schlammvulkanen wird auch Methan frei, vor Costa Rica haben wir sie erstmals genauer darauf untersucht. Wir haben aber auch beobachtet, dass an manchen Cold Seeps Süßwasser aussickert.

Süßwasser aus der Tiefsee? Im Ernst?
Ja. (lacht) Es hängt davon ab, was das Wasser auf dem Weg nach oben durchmacht: Sind die Sedimente salzhaltig, sind auch die Cold Seeps salzig. Kommt das Wasser aber aus Tiefenstockwerken, wo mineralisch gebundenes Wasser aus den Mineralen gelöst wird, süßen diese es aus. Weiterhin können Gashydrate im Sediment eine Rolle spielen – eisähnliche Schichten, in denen Methan gebunden ist. Lösen sie sich auf, süßen sie das aufsteigende Wasser ebenfalls aus, weil sich reine Wassermoleküle aus ihnen lösen. Um es zu trinken, müsste man das Wasser aber am Meeresboden auffangen: Da es leichter ist als Salzwasser, steigt es auf und vermischt sich auf dem Weg zur Meeresoberfläche mit dem Meerwasser. Anders ist es bei Grundwasseraustritten, die es häufig am Meeresboden in Küstennähe gibt. Deren Ergebnis kennen Seefahrer seit Jahrhunderten: Es bilden sich Wasserlinsen an der Meeresoberfläche, das Wasser hat dort eine andere Konsistenz. Sie schöpften es ab – und siehe da: Es war Süßwasser. Eine solche Szene kommt sogar im Roman „Moby Dick" vor.

Was haben Sie an den Cold Seeps vor Costa Rica und Chile herausgefunden?
Wir haben vor Mittelamerika erstmals berechnet, wie viel Wasser und Methan insgesamt an den Cold Seeps einer Subduktionszone austritt. Ein solches Gesamtbudget gab es bisher für keine Subduktionszone der Erde. Darüber hinaus barg jeder Tauchgang Überraschungen.

Zum Beispiel?
Vor Chile wurde der Tauchroboter *ROV Kiel 6000* plötzlich von einer Ansammlung von Seegurken begleitet: Schwimmende, tanzende, rötliche Wesen, die auf einmal überall waren. Dann kamen Kalmare: Riesen-Tintenfische, bis zu 2 Meter lang, die im Licht des Roboters jagten. Vor unseren Augen fraßen sie Garnelen vom Meeresboden, direkt in unserem Lichtkegel. An einem Cold Seep vor Chile wiederum haben wir 79 verschiedene Tierarten gefunden, der Großteil davon ist noch nicht näher beschrieben. Darunter Riesenmuscheln mit bis zu 30 Zentimetern Durchmesser – so groß wie eine Melone. Die Zusammensetzung der Tiergemeinschaften hängt davon ab, in welcher Konzentration Methan und andere Stoffe in den austretenden Fluiden enthalten sind.

Rechts: Schlangensterne und Krebse auf einer Weichkoralle. Als die Forscher mit dem Tauchroboter in rund 700 Meter Tiefe durch diese Tiefsee-Landschaft flogen, „kam es uns vor wie ein Spaziergang durch einen Wald im Morgentau", schwärmt Peter Linke.

Ganz links: Mit dem Tauchroboter abgesetzte Geräte messen Strömung und Sauerstoffgehalt über dem Meeresboden, sowie den Methanausstoß der kalten Sickerstellen.

Links: Rocheneier an Cold Seeps, bis zu 30 Zentimeter groß. Vor Chile wurden sie erstmals gefunden. Auch Haie nutzen die Sickerstellen als Ei-Ablageplätze, vermutlich wegen des großen Nahrungsangebots und guten Schutzes für die Jungtiere.

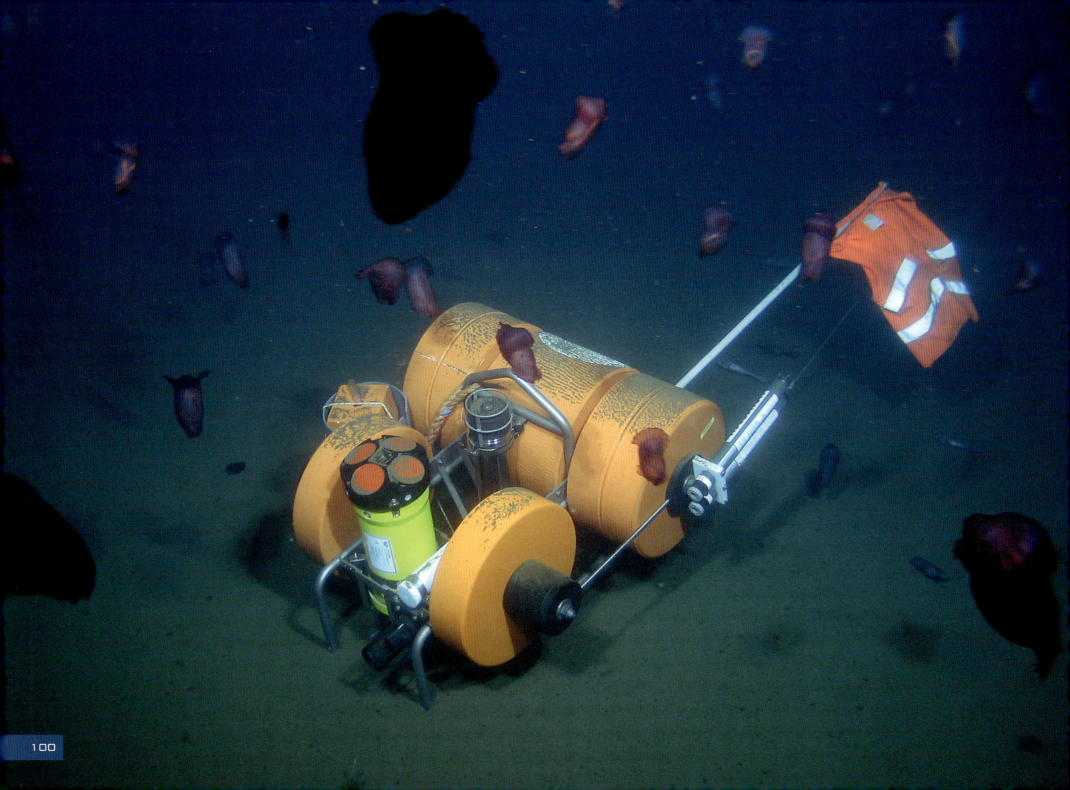

> **MAN FINDET AUF JEDER AUSFAHRT ETWAS KOMPLETT UNERWARTETES. ES GIBT IN DER TIEFSEE NOCH SO VIEL ZU ENTDECKEN – DAS BEGEISTERT MICH IMMER WIEDER AUFS NEUE.**

Was passiert jetzt mit den neu entdeckten Tieren?

Wir lassen sie klassifizieren. Sogenannte Taxonomen müssen sie dafür genau untersuchen: ihre Gliedmaßen zeichnen, ihre Gene analysieren, sie mit internationalen Datenbanken vergleichen. Es dauert oft viele Jahre, bis die Funde einer einzigen Expedition ausgewertet sind. Ich bin kein Taxonom, aber auf die Ergebnisse unserer Ausfahrten bin ich äußerst gespannt. Denn die Cold Seeps spielen für viel mehr Tierarten im Ozean eine Rolle, als man vermuten würde.

Links: Überraschende Begleitung. Während der Kontrolle eines Mini-Landers mit orangefarbenen Auftriebskörpern – er misst Strömung, Leitfähigkeit, Druck und Temperatur – wird der Tauchroboter ROV Kiel 6000 von roten Seegurken umschwärmt. Die Tiere suchen am Meeresboden nach Nahrung; um weitere Strecken zurückzulegen, schwimmen sie. Ihr Spitzname: „Spanische Tänzerin" oder „Dancing Queen".

Rechts: Bodenproben aus der Tiefsee. Mit einem videogeführten Multi-Corer (Mehrfach-Kernsammler) sammeln die Forscher Stichproben des Meeresbodens. Im Labor untersuchen sie das Sediment von einem Cold Seep auf seine chemische Zusammensetzung, die dort lebenden Bakterien und höheren Tiere sowie auf ihre Aktivität.

Wie meinen Sie das?

Wir haben vor Chile in 700 Metern Tiefe zum einen auch Korallen gefunden. Dass sie in diesem Ausmaß an Subduktionszonen vorkommen, war absolut neu. Darunter waren riesige Gorgonienschirme: Fächerkorallen, auf denen wunderschöne Schlangensterne saßen, die Partikel aus der Strömung auffangen. Sie siedeln auf Gesteinsblöcken aus Karbonat – den Ausfällungen der methanoxidierenden Bakterien. Aber Cold Seeps sind auch für Raubtiere wie Rochen, Krebse oder Haie wichtig: als Kindergarten!

Die Cold Seeps sind Hai-Kindergärten?

Ja! Ähnlich wie an den Schwarzen Rauchern leben dort viele Larven und Jungtiere, sie finden reichlich Nahrung und Versteckmöglichkeiten. Bei unserer letzten Expedition vor Chile haben wir aber zudem einen spektakulären Fund gemacht: Inmitten von Röhrenwürmern lagen Unmengen riesiger, dunkelbrauner Eigelege. So etwas hatte ich noch nie gesehen. Dann kamen Rochen, schwammen vor dem Roboter lang und begleiteten uns. Als wollten sie ihre Gelege schützen.

Haben Sie die Eier untersucht?

Ja, wir haben ein paar von ihnen mitgenommen. Es sind tatsächlich die Eier von Tiefsee-Rochen, die auch chilenische Fischer in ihren Netzen finden. Um welche Art es sich handelt, ist noch unklar. Aber der Fund passt zu zwei weiteren: Im Mittelmeer vor der Küste Ägyptens hat meine Kollegin Tina Treude Hai-Eier an einem Schlammvulkan gefunden. Haie und Rochen sind Knorpelfische, die bereits seit 400 Millionen Jahren in den Ozeanen existieren, also 200 Millionen länger als das erste Auftreten der Dinosaurier. Und vor der Küste Oregons fanden Geologen fossile Überreste dieser Eihüllen zusammen mit fossilen Röhrenwürmern. Die Funde beweisen, dass die Cold Seeps seit Jahrmillionen eine wichtige, bislang unbekannte Rolle für das Leben in der Tiefsee spielen.

Wie finden Tiere diese Oasen? Haie und Rochen können weite Strecken schwimmen – aber Muscheln und Röhrenwürmer bewegen sich ja nicht fort!

Das haben wir uns auch gefragt, zumal sich ständig neue Cold Seeps bilden und alte versiegen. Als erstes kommen wohl Schwefelbakterien – sie bilden lange Fäden und bewegen sich so fort. Vor Neuseeland haben wir dann Felder voller Polychaeten entdeckt: als Opportunisten bekannte Borstenwürmer, die schnell auf veränderte Umweltbedingungen reagieren. Sie sind vermutlich Wegbereiter der weiteren Besiedlung. Muscheln können wandern, wenn auch langsam. Sie ziehen Kreise am Meeresboden, wenn ein Cold

> **HEIZEN DIE COLD SEEPS DAS KLIMA MIT AN?
> DAS HABEN WIR JAHRELANG BEFÜRCHTET.**

Seep zu versiegen beginnt, und suchen nach neuen Quellen. Vermutlich verfügen sie oder ihre freischwimmenden Larven über eine Sensorik, mit der sie Methan und Schwefelwasserstoff erkennen.

Da könnten Sie sich für Ihre Tiefsee-Technik ja noch etwas abgucken. Wie finden Sie selbst die Cold Seeps vom Forschungsschiff aus?
Leider haben wir noch keine so empfindlichen Sensoren, daher ähnelt es ein wenig der Suche nach der Nadel im Heuhaufen. Unser wichtigstes Fernerkundungsmittel ist die Seismik. Mit Hilfe von Schallwellen sehen wir Brüche oder Störungsbahnen im Boden, durch die Fluide aufsteigen können. Diesen Stellen nähern wir uns mit tiefgeschleppten Seitensicht-Sonaren: Diese senden auch Schallwellen aus, sind aber viel genauer. So finden wir Karbonatblöcke und Schlammvulkane. Dann schicken wir sogenannte CTDs hinunter: Sonden, die von einem Kranz aus Flaschen umgeben sind und Wasserproben nehmen. CTD steht für Conductivity, Temperature und Depth. Die Sonde misst also die Leitfähigkeit des Wassers, seine Temperatur und die Tiefe; und die genommenen Wasserproben werden an Bord analysiert. So können wir vor allem erhöhte Methangehalte feststellen: der entscheidende Hinweis auf Cold Seeps.

Und dann tauchen Sie mit einem Roboter hinab, um nachzusehen?
Oft nutzen wir auch einen Videoschlitten: ein simples Gerät mit Kameras, das wir in geringem Abstand über den Boden schleppen. Manchmal sind die Sickerstellen riesig, manchmal nur zwei Quadratmeter groß. Unsere nach unten gerichteten Kameras haben aber nur einen Blickwinkel von etwa anderthalb Meter, es ist also ein wenig Glückssache. Wenn wir einen Tauchroboter zur Verfügung haben, können wir sehr kontrolliert und genau suchen. Wir sehen uns die Cold Seeps in aller Ruhe und von allen Seiten an, nehmen Proben, machen gezielte Messungen und Experimente – was wir wollen.

Wie sind Sie vorgegangen, um Ihr großes Ziel zu erreichen: die Menge an Wasser und Methan zu ermitteln, die an allen Cold Seeps einer Subduktionszone austritt?
Mit Hilfe verschiedener Techniken. Wir haben das Wasser geochemisch untersucht, das in Sedimentkernen enthalten war. Wir haben Lander an Cold Seeps abgesetzt – das sind unsere Raumfähren der Tiefsee, die tage- oder monatelang die Austritte messen. Mit geophysikalischen Methoden haben wir Fluidbahnen im Untergrund aufgespürt. So haben wir vor Costa Rica und Nicaragua

Spurensuche in der Tiefsee: Das Wasser, das mit Hilfe einer CTD nach oben gebracht wird, verrät die chemische Zusammensetzung des Ozeans in verschiedenen Wassertiefen. Je mehr Methan enthalten ist, desto höher ist die Wahrscheinlichkeit, dass sich Cold Seeps am Meeresboden befinden.

Flaschenkranz mit Sonde. Für komplexe Messungen in der Tiefsee wurden CTD-Sonden erfunden. Die Abkürzung steht für Leitfähigkeit (Conductivity), Temperatur (Temperature) und Tiefe (Depth) – ihre wichtigsten Messkriterien. Eine Rosette aus Wasserschöpfern umgibt die Sonde mit den Sensoren. In verschiedenen Tiefen werden Wasserproben genommen, auf der Suche nach Methan in der Tiefsee.

> **AM OZEANBODEN GIBT ES VIELE KLEINE HELFER: MIKROORGANISMEN, DIE METHAN ABBAUEN. SIE LEISTET EINEN WICHTIGEN BEITRAG ZUM KLIMAHAUSHALT DER ERDE.**

Gerätecheck an Deck der „Sonne". Sogenannte Lander sind die „Raumfähren der Tiefsee": Stahlgerüste, an denen je nach Bedarf Messgeräte befestigt und für Tage bis Monate in der Tiefsee abgesetzt werden. Peter Linke verbindet einen Launcher mit dem Schiffsdraht – eine Absetzeinheit mit Videokamera, die den Lander sekundenschnell abtrennen muss, wenn er die richtige Stelle am Meeresboden erreicht hat.

insgesamt 112 Cold Seeps entlang der Subduktionszone beschrieben – im Durchschnitt alle 4 Kilometer ein Seep. Daraus haben wir errechnet, dass an jedem Cold Seep im Jahr etwa 3000 Kubikmeter Fluide frei werden. Verglichen mit dem Wasser, das aus Flüssen oder Schwarzen Rauchern ins Meer sprudelt, ist das wenig. Aber insgesamt entspricht es zwei Dritteln des gesamten Wassers, das zuvor mit den Sedimenten, in Mineralen gebunden, in die Subduktionszone eingetaucht ist.

Das mit dem Wasser austretende Methan ist ein aggressives Klimagas. In der Atmosphäre verstärkt es den Treibhauseffekt etwa 25-mal mehr als Kohlendioxid. Hei-

zen die Cold Seeps das Klima mit an?
Das haben wir jahrelang befürchtet: Wir wussten nicht, wie viel Methan aus den Ozeanen in die Atmosphäre aufsteigt. Jetzt haben wir die Summe dieser Austritte errechnet und können Entwarnung geben. Die Methanmengen, die unter derzeitigen Umständen aus dem Meer frei werden – also bei recht niedrigen Bodenwassertemperaturen und einem aus geologischer Sicht hohen Meeresspiegel –, sind im Vergleich zu Methanquellen an Land wie Permafrostböden, Sümpfe oder Reisfelder moderat. Sie betragen etwa 15 Prozent des gesamten, natürlichen Methaneintrags in die Atmosphäre. Und das globale Gesamtmethan ist für etwa 20 Prozent der

globalen Erwärmung verantwortlich. Am Ozeanboden gibt es viele kleine Helfer: Mikroorganismen, die Methan abbauen, sind ein biologischer Filter. Diese anaerobe Oxidation von Methan ist vermutlich eine ebenso große Senke für Methan wie die aerobe Methanoxidation an Land. Sie leistet einen wichtigen Beitrag zum Klimahaushalt der Erde.

Aber ein gewisser Teil des Methans schafft es doch an die Oberfläche?
Je länger der Weg zur Oberfläche ist, desto mehr Methan wird im Wasser gelöst, verdünnt, durch Strömungen verteilt oder von anderen Mikroorganismen konsumiert. Aber wenn mehr Methan ausströmt, als im Poren-

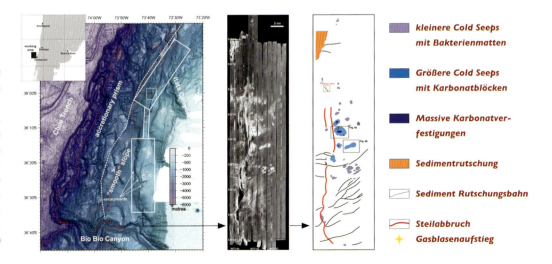

So findet man Cold Seeps: Anhand genauer Karten des Meeresbodens wird das Suchgebiet in der Subduktionszone vor Chile ausgewählt. (1. Abb. von links) Ein tiefgeschlepptes Seitensicht-Sonar zeigt Erhebungen oder Verfestigungen des Meeresbodens als weiße Stellen auf grauem Grund (2. Abb. von links). Die Forscher vermuten dort Karbonathügel, Schlammvulkane und Cold Seeps. (3. Abb. von links)

- kleinere Cold Seeps mit Bakterienmatten
- Größere Cold Seeps mit Karbonatblöcken
- Massive Karbonatverfestigungen
- Sedimentrutschung
- Sediment Rutschungsbahn
- Steilabbruch
- Gasblasenaufstieg

> ICH KANN MEIN WISSEN HOFFENTLICH DAZU EINSETZEN, UM UNFALLSZENARIEN, VOR DENEN DIE MENSCHEN BERECHTIGTERWEISE ANGST HABEN, ZU VERMEIDEN.

wasser gelöst werden kann, gelangt es auch in Form von Gasblasen in die Wassersäule. Dann kommen auch die Einzeller an ihre Grenzen und je nach Stärke des Ausstroms und Wassertiefe kann das Methan die Wasseroberfläche durchschlagen und in die Atmosphäre gelangen. Chilenische Kollegen haben einmal eine solche Stelle angezündet – das Meer fing an zu brennen! Solche Stellen sind aber die Ausnahme und nicht dauerhaft so aktiv.

Methanquellen am Meeresboden interessieren auch die Erdölindustrie, weil sie Hinweise auf Erdöllagerstätten im Untergrund sein können. Sitzt auch Ihnen die Industrie bereits im Nacken?
Vor Costa Rica und Chile haben wir keine Hinweise auf Erdöllagerstätten gefunden. Dafür aber vor Neuseeland, wo dies natürlich die Hoffnungen der Erdölindustrie weckt. Auch vor Peru fanden wir Öl in den Strukturen von Karbonatblöcken. Alle weiteren Schritte sind Sache der Industrie – wir können höchstens beratend tätig sein. Die Cold Seeps sind aber noch aus anderem Grund von Interesse. Sie können wichtige Erkenntnisse liefern bei der Frage, ob eine unterirdische Speicherung von Kohlendioxid möglich ist, zum Beispiel in ausgeförderten Gaslagerstätten.

Sie meinen die CCS-Technologie (Carbon Capture and Storage), bei der Kohlendioxid aus Kraftwerken abgeschieden und unterirdisch gelagert werden soll, möglicherweise auch im Meeresboden. Der Bundesrat hat einen Gesetzentwurf der Bundesregierung dazu jüngst abgelehnt, vor allem wegen der Proteste vieler Anwohner möglicher „CO2-Endlager". Dennoch forschen Sie daran?
Ich bin kein absoluter Befürworter dieser Technologie. Aber international wird sie wohl bald eine große Rolle spielen. Wir forschen vor der Küste Norwegens dazu. Und meine Skepsis ist zugleich mein Antrieb. Denn ich kann mein Wissen hoffentlich dazu einsetzen, um Unfallszenarien, vor denen die Menschen berechtigterweise Angst haben, zu vermeiden.

Wie wollen Sie das tun?
Der unterirdische Speicherort muss wirklich dicht sein, das ist das Ziel. Es darf kein Gas austreten. Man muss also am Meeresboden nach Leckagen, natürlichen Austrittsstellen suchen, die meist auf Methanvorkommen hindeuten. Befindet sich ein solches Vorkommen in der Nähe eines CO2-Speicherorts, könnte das CO2 vorhandene Wegsamkeiten nutzen und langfristig austreten. Deshalb wollen wir sämtliche natürliche Methanquellen in der Nordsee aufspüren und längere Zeit beobachten.

Gruppenfoto der letzten Ausfahrt des Sonderforschungsbereichs 574 im Herbst 2010 auf der „Sonne" unter dem Namen SO-210. 10 Wissenschaftler, 16 Techniker, 28 Crewmitglieder und 1 Fotograf teilten sich unter Fahrtleitung von Peter Linke wochenlang das Schiff als Arbeitsplatz und Heimat auf See. Nur selten kam dabei die chilenische Küste in Sicht – meist waren sie nur umgeben vom Blau des Pazifiks.

Brennender Ozean. Wenn am Meeresboden viel Methan austritt, kann es aufsteigen und bis durch die Wasseroberfläche dringen. Chilenische Forscher zündeten eine solche Stelle nahe der Küste an, um das Phänomen zu beweisen – und hatten anschließend Mühe, das Feuer zu löschen.

Als Biologe sind Sie in diesem Bereich ein Exot. Auch im Sonderforschungsbereich 574, der eher geowissenschaftlich ausgerichtet war. Stört Sie das?
Nein, im Gegenteil: Mich lockt schon immer das große Bild. Ich habe großen Respekt vor Taxonomen, aber ich könnte mich nicht wochenlang mit einer einzigen, winzigen Tierart beschäftigen. Die Zusammenarbeit mit Kollegen aus anderen Disziplinen öffnet neue Perspektiven. Auf den Expeditionen war das eine große Herausforderung, aber auch eine Bereicherung: Wir konnten sehr viele verschiedene Fragen beantworten.

Und wenn Sie dabei auch noch auf Rochen-Eier oder seltsame Tiere stoßen, hüpft Ihr Biologen-Herz?
Auf jeden Fall. (lacht) Auf so etwas hoffe ich immer. Das Schöne an der Meeresforschung ist: Man findet auf jeder Ausfahrt etwas komplett Unerwartetes. Es gibt in der Tiefsee noch so viel zu entdecken – das begeistert mich immer wieder aufs Neue.

Dr. Peter Linke leitete im gesamten Zeitraum des Sonderforschungsbereichs 574, von 2001 bis 2012, Teilprojekte zur Erforschung kalter Quellen am Meeresboden. Er arbeitet an der Schnittstelle von Biologie und Geochemie und konzipiert gern mit Technikern und Ingenieuren komplexe Tiefseetechnik. Zuvor untersuchte er nach einem Biologiestudium an der Universität Kiel im dortigen Sonderforschungsbereich 313 Umweltveränderungen im Nordatlantik. Seit 1993 ist er Wissenschaftlicher Mitarbeiter am GEOMAR | Helmholtz-Zentrum für Ozeanforschung Kiel. Peter Linke ist verheiratet und hat zwei Kinder.

Nach der Fahrt ist vor der Fahrt. Am Tag der Ankunft nach einer Expedition werden Ausrüstung und Messgeräte im Hafen in Container verstaut und als Frachtgut zurück nach Kiel verschifft. Dort werden sie meist schon zur Vorbereitung der nächsten Forschungsfahrt erwartet. Bei Zwischenstopps – wie hier in Valparaíso im Oktober 2010 – werden zusätzliche Geräte an Bord geholt oder Personal ausgetauscht.

„ES DAUERT OFT VIELE JAHRE, BIS DIE FUNDE EINER EINZIGEN EXPEDITION AUSGEWERTET SIND.

METHAN

„ TINA TREUDE UND VOLKER LIEBETRAU ARBEITEN
AN EINEM BESSEREN VERSTÄNDNIS DER VERGANGENHEIT
UND DER ZUKUNFT VON GASHYDRATEN IM OZEAN.

„ METHAN – NAHRUNGSQUELLE UND KLIMAKILLER?

Stille Wasser sind tief. Am Boden der Ozeane lagern sich im Laufe der Jahrmillionen Sedimentschichten ab, die mehrere Kilometer dick werden können. Sie bestehen aus Sand, Kies, Ton und den Überresten von Tieren, Pflanzen und Mikroorganismen. Diese organische Fracht ist die Quelle für die Entstehung eines besonderen Phänomens der Tiefsee: Methanhydrate.

Dieser Fund machte Schlagzeilen: Als an Bord des deutschen Forschungsschiffes Sonne 1996 große Mengen eines Stoffes vom Meeresboden geborgen wurden, der aussah wie Eis, aber in den Händen der Wissenschaftler brannte wie Zunder, schien klar: Die Energiequelle der Zukunft ist gefunden. Tatsächlich haben die Methanhydrate – das „brennende Eis" – bis heute nichts von ihrer Faszination verloren. Doch nicht nur Hoffnungen sind mit ihnen verbunden. Sondern auch die Befürchtung, dass ihr Abbau zerstörerische Tsunamis auslösen und das globale Klima anheizen könnte.

Fest steht, dass Methanhydrate an fast allen Kontinentalhängen der Erde vorkommen. Sie bilden sich am Meeresboden vor allem aus dem Gas Methan und Wasser, unter hohem Druck und bei kalten Temperaturen. Häufig werden Lagerstätten von Methanhydrat an Subduktionszonen entdeckt, wo eine Erdplatte unter eine andere abtaucht. Dort haben die Meeresbiologin Tina Treude und der Geologe Volker Liebetrau gemeinsam mit ihren Kollegen Prozesse unter die Lupe genommen, die mit der Bildung und Zersetzung von Gashydraten im Zusammenhang stehen.

Auf jeder Forschungsfahrt zu den Subduktionszonen fanden Liebetrau und seine Kollegen nicht nur Hydrate – sondern auch riffartige Strukturen aus Kalkstein, in direkter Nähe kalter Methanaustrittsstellen, der sogenannten Cold Seeps. Auf den Kalkriffen wachsen Schwämme und Korallen, und in ihrem Inneren ist die gesamte Vergangenheit des jeweiligen Cold Seeps gespeichert. Treude und ihr Team wiederum widmen sich winzigen Mikroben im Meeresboden: Einzeller, die von Methan leben. Sie sind für die Kalkriffe verantwortlich, bilden die Grundlagen für besondere Lebensgemeinschaften und beeinflussen den Methanhaushalt in Ozean und Atmosphäre.

Wie all dies mit den Methanhydraten zusammenhängt? Dieser Frage sind die Forscher bei ihren zahlreichen Tauchgängen zum Meeresboden nachgegangen. Sie filmten und fotografierten die Tiefseewelt, nahmen mit Hilfe von Bohrgeräten und Tauchrobotern Proben und analysierten diese im Labor. So erhielten sie nicht nur einen Einblick in die komplexen Abläufe am und im Meeresboden. Ihre Ergebnisse tragen auch zu einem besseren Verständnis der Vergangenheit und der Zukunft der Ozeane bei.

Es sieht aus wie brennendes Eis. Methanhydrate entstehen bei niedriger Temperatur und unter hohem Druck am Meeresboden: Ist viel Methan im Wasser gelöst, bilden Wassermoleküle Käfigstrukturen, in denen die Gasmoleküle eingeschlossen werden. Wenn Methanhydrate schmelzen, wird das hochbrennbare Methan frei. Die Hydrate gelten als eine mögliche Energiequelle der Zukunft.

„ DAS INTERVIEW MIT TINA TREUDE UND VOLKER LIEBETRAU
EINE MEERESBIOLOGIN UND EIN GEOLOGE HEBEN SCHÄTZE VOM MEERESBODEN

Seit Jahren heißt es in Zeitungen und Forschungsberichten, Methanhydrate seien eine vielversprechende Energiequelle. Gibt es konkrete Pläne, sie abzubauen?
TT: Durchaus. Japan hat angekündigt, die kommerzielle Förderung von Methanhydraten im Jahr 2013 starten zu wollen. Auch Länder wie Südkorea oder Kanada sind in dem Bereich sehr aktiv. Die Vorhaben rentieren sich vor allem für Länder, die keine eigenen Energiereserven haben – wie Japan oder Südkorea. Allerdings galt auch die Förderung von Erdöl aus sehr tiefen Meeresbereichen lange als zu kostenintensiv und aufwändig; heute ist sie an vielen Orten Realität. Ich denke, es hängt auch von den Investitionen in alternative Energien ab, ob dieser Bereich ausgebaut wird.

Was macht die Methanhydrate so attraktiv?
VL: In ihnen sind große Mengen Methan und ähnliche Kohlenwasserstoffverbindungen gebunden. So wie Erdöl, Erdgas und Kohle kann auch Methan zur Energiegewinnung genutzt werden. Man muss es „nur" aus den Hydraten lösen. Die Methanmoleküle sind von Gittern aus Wassermolekülen umgeben. Um dieses „Eis" zum Schmelzen zu bringen, muss es erwärmt oder der Druck herabgesetzt werden. Das Gas löst sich, muss aufgefangen und an Bord eines Schiffes geleitet werden.

Bilden sich Methanhydrate überall, wo Methan im Meeresboden vorkommt?
TT: Nein, erst ab einer bestimmten Temperatur und einem gewissen Druck. In etwa 500 Meter Wassertiefe ist es mit 2 bis 4 Grad Celsius meist kalt genug und der Wasserdruck so groß, dass sich Methan und Wasser zu Methanhydraten verbinden.
VL: Methanhydrate gibt es vor fast allen Küsten der Welt: vor Chile, den USA und in der Arktis ebenso wie vor Spanien, Indien oder Japan. Sie wachsen ständig nach, weil aus dem Meeresboden immer neues Methan strömt – anders als Erdölvorkommen, die sich über Millionen von Jahren bilden.

Wie viel Methanhydrat schlummert insge-

Weltweite Methanhydrat-Vorkommen am Meeresboden und in Permafrostregionen. Schwarze Punkte markieren Vorkommen, die mit Hilfe von Bohrungen und Beprobungen gefunden wurden. An den weißen Punkten werden aufgrund geophysikalischer Messungen Methanhydrate vermutet. Die Karte basiert auf Angaben des United States Geological Survey, dem geologischen Dienst der USA.

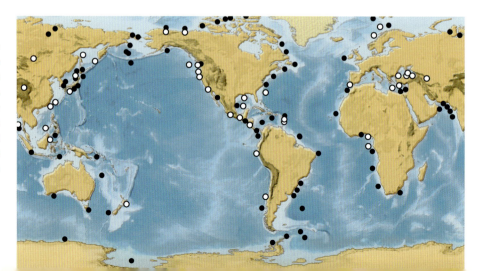

Chirurgie am Meeresboden. Mit einer hydraulischen Kettensäge nehmen die Forscher in 1000 Meter Meerestiefe eine Probe von einem Karbonatblock. Es sieht brutaler aus, als es ist: Die Säge wird über den Arm des Tauchroboters ROV Kiel 6000 präzise gesteuert. So können die Forscher den Meeresboden untersuchen, ohne viel Schaden anzurichten. Die uralten Karbonatblöcke sind wertvolle Archive der Veränderungen im Ozean. Sie entstehen, wenn Bakterien Methan abbauen und die chemischen Bedingungen im Meerwasser und im Sediment verändern. Weichkorallen, Kaltwasserkorallen und Schlangensterne siedeln auf den Blöcken und filtern Nahrung aus der Strömung.

> **10.000 GIGATONNEN METHAN ENTSPRÄCHEN ETWA DEM DOPPELTEN ALLER BISHER WELTWEIT GESCHÄTZTEN ERDÖL-, ERDGAS- UND KOHLEVORKOMMEN ZUSAMMEN.**

Unten links: Eine kalte Methanaustrittsstelle (Cold Seep) wird vor der Küste Chiles zum Lebensraum. Im Vordergrund siedeln weiße Matten von Schwefelbakterien, in der Mitte Röhrenwürmer, weiter hinten große Muscheln. Die Tiere und Mikroorganismen geben den Forschern Hinweise auf die Stärke des Methanflusses.

Unten Mitte: Methanhydrat an Deck des Forschungsschiffes. Zwischen bräunlichem Sediment hat sich am Meeresboden weißes Hydrat aus Wasser und Gas gebildet.

Unten rechts: Wenn Methanhydrat schmilzt, kann das frei werdende Methan entzündet werden. Der Abbau von Methanhydraten zur Energiegewinnung steht in Ländern wie Japan kurz bevor.

samt am Meeresboden?
TT: Die am häufigsten zitierte Hochrechnung kommt auf 10.000 Gigatonnen Methan, die in den weltweiten Hydraten gebunden seien. Das entspräche etwa dem Doppelten aller bisher weltweit geschätzten Erdöl-, Erdgas- und Kohlevorkommen zusammen. Gemäßigte Schätzungen gehen eher von 3000-5000 Gigatonnen Methan aus.

Was immer noch enorm viel wäre.
TT: Das stimmt, aber nur ein Teil der Methanhydrate ist abbaubar. Die Sedimente dürfen nicht zu lehmig oder zu hart sein. Die Hydrate müssen eine Lagerstätte bilden – was selten der Fall ist. Sie ziehen sich meist eher wie Adern oder Flöze durch das Sediment. Würde man aus den weltweiten Hydratvorkommen eine Pyramide bilden, wäre wohl nur die Spitze förderbar.

Ist Deutschland auf diesem Gebiet aktiv?
VL: Der Abbau von Methanhydraten ist hier bisher nicht konkret geplant – zumal es vor der deutschen Küste keine Vorkommen gibt. Aber es befassen sich viele Forschungsprojekte damit. Vor allem mit einem Aspekt, der die Industrie hierzulande lockt: Die Methanhydrate könnten ein Weg sein, das Treibhausgas Kohlendioxid zu deponieren, das Kraftwerke und Fabriken ausstoßen.

Wie soll das funktionieren?
TT: Die Idee ist, das Methan aus den Hydraten zu lösen und stattdessen Kohlendioxid hinein zu pumpen. So würden sich CO_2-Hydrate bilden, die auch ansteigenden Temperaturen gegenüber stabiler sind. Dazu gibt es hier am GEOMAR ein Forschungsprojekt namens SUGAR unter der Leitung unseres Kollegen Klaus Wallmann. Es wird von der Industrie unterstützt, finanziert sich aber vor allem aus Mitteln des Bundesforschungs- und Bundeswirtschaftsministeriums.

Welche Risiken sind mit der Gashydrat-Förderung verbunden?
VL: Wenn man die Hydrate erwärmt oder den Druck erniedrigt, besteht grundsätzlich die Gefahr, dass sie sich unkontrolliert auflösen. Größere Mengen Methan könnten in den Ozean und zumindest in flachen Gebieten auch in die Atmosphäre gelangen – und Methan ist ein etwa 25-mal stärkeres Treibhausgas als CO_2. Zudem könnte der Kontinentalhang instabil werden und im schlimmsten Fall ins Rutschen geraten. Die Hydrate können das sie umgebende Sediment wie Mörtel zusammen halten. Man muss den Zustand eines Hanges also vor einem Abbau gut untersuchen.
TT: Der Abbau könnte noch aus einem weiteren Grund problematisch sein. Die Gas-

> **METHANHYDRATE KÖNNEN DAS SEDIMENT WIE MÖRTEL ZUSAMMEN HALTEN. MAN MUSS DEN ZUSTAND EINES HANGES ALSO VOR EINEM ABBAU GUT UNTERSUCHEN.**

hydrate sind eine Art Zwischenspeicher für Methan, das aus tieferen Regionen zum Meeresboden aufsteigt. Dort wird es von Mikroben verzehrt, die Schwefelbakterien und schließlich Bartwürmer, Muscheln, Krebse sowie viele Kleintiere und Larven anziehen. Karbonatriffe bilden sich, an denen Korallen und Schwämme wachsen und die von Haien und Rochen als Nistplätze genutzt werden.

Und ein Abbau würde diese Lebensgemeinschaften vernichten?
TT: Man würde die Hydrate vermutlich mit Bohrungen aus tieferen Sedimentschichten fördern, so dass am Meeresboden selbst zunächst nicht viel zerstört würde. Aber der Methanstrom, der die Lebensgemeinschaften versorgt, könnte durch den Abbau versiegen. Dieser Aspekt wurde bisher nicht näher untersucht.

Kann auch der Klimawandel die Methanhydrate zum Schmelzen bringen? Wenn der Ozean und mit ihm der Meeresboden immer wärmer werden?
TT: Grundsätzlich schon, man hört dazu viel Apokalyptisches. Wir wollen die Prozesse erst einmal verstehen. Die entscheidende Frage ist, wie schnell die Hydrate schmelzen. Hierzu führen wir mit internationalen Kollegen derzeit Studien vor Spitzbergen in der Arktis durch. Dort beginnt aufgrund der Kälte die Stabilitätszone der Gashydrate schon in 380 Meter Wassertiefe. Erwärmt sich der Ozean, würden die Hydrate in diesen Zonen wohl zuerst schmelzen.

Was wird dann passieren?
TT: Ein Teil des Methans wird freigesetzt – allerdings dauert es länger, als wir dachten. Die Wärme aus der Atmosphäre überträgt sich nur langsam bis zu den Hydraten im Meeresboden. Selbst wenn der Mensch weiterhin so viel CO2 in die Atmosphäre bläst wie bisher, würde laut unserer Modelle von den theoretisch betroffenen Gashydraten nur ein kleiner Teil innerhalb der nächsten 100 Jahre tatsächlich schmelzen. Der Großteil würde sich erst mit Verzögerung, nach Hunderten bis Tausenden von Jahren auflösen.

Kann nicht schon eine geringe Menge Methan eine starke Wirkung in der Atmosphäre entfalten?
TT: Es ist ein entscheidender Unterschied, ob das Methan über 100 Jahre hinweg frei wird oder mit einem Schlag. Ein längerer Zeitraum gibt den Ökosystemen die Möglichkeit zu reagieren. Im Ozean wird ein Teil des Methans abgebaut. An Land können ebenfalls Anpassungen stattfinden.
VL: Laut aktueller Studien steigt der CO2-Gehalt in der Atmosphäre seit einigen tausend Jahren an, worauf demnach auch das Ende der letzten Eiszeit zurückzuführen ist. Der Faktor Mensch spielt vor diesem natürlichen Hintergrund eine stetig verstärkende Rolle, mit besonders großem und zunehmenden Einfluss seit dem Beginn des industriellen Zeitalters. Die CO2-Konzentration in der Atmosphäre ist heute zum Beispiel schon um fast ein Drittel höher als es jemals für die vergangenen 800.000 Jahre in Klimaarchiven wie Eiskernen gemessen werden konnte.

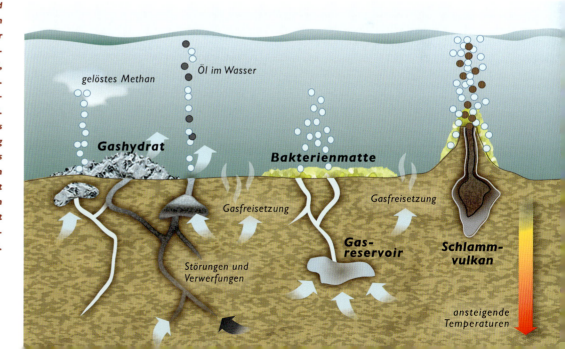

Methanhydrate und kalte Sickerstellen (Cold Seeps) am Meeresboden. Aus organischen Resten bildet sich im Sediment Methan; entweder „biogen", durch Einzeller, die Kohlenstoffverbindungen umwandeln – oder „thermogen", durch Hitze und Druck in großen Sedimenttiefen. Ähnlich entstehen auch Erdöl- und Erdgaslagerstätten, in denen ebenfalls Methan vorkommt. Durch Störungen und Verwerfungen steigt das leichte Methan nach oben, oft in Verbindung mit Wasser. Am Meeresboden bilden sich daraus bei 2 bis 4 Grad Celsius und in etwa 500 Metern Meerestiefe Methanhydrate. Sie sind eine Art Zwischenspeicher: Von unten strömt Methan nach, oben wird es von Bakterien verarbeitet und zur Grundlage für komplexe Lebensgemeinschaften.

> **MANCHE KARBONATHÜGEL WERDEN HUNDERTTAUSENDE BIS MILLIONEN JAHRE ALT. SIE SIND FASZINIERENDE, WICHTIGE GEO-ARCHIVE.**

Links: Massives Kalkgestein vom Meeresboden. Volker Liebetrau begutachtet einen Karbonatblock aus dem Pazifik. Mit Hilfe eines Tiefseegreifers, der mehr als 2,5 Tonnen Gewicht heben kann, haben die Forscher ihn geborgen.

Unten rechts: Mikroskopaufnahme einer mehr als 33.000 Jahre alten Muschelschale in einem Karbonatblock. Darunter haben sich in einem Hohlraum etwa 13.000 Jahre lang feinste Lagen Aragonit gebildet – ein weißes Karbonat, das beim Methanabbau ausfällt. Danach gelangte hier offenbar kein Methan mehr hin.

Dabei sind die darin enthaltenen Wechsel zwischen Kalt- und Warmzeiten schon berücksichtigt. Wie sehr sich im Zuge des außergewöhnlich schnellen CO2-Anstiegs der vergangenen 100 Jahre auch geologische und meereschemische Prozesse beschleunigen und welche Folgen daraus entstehen können, ist im Moment schwierig vorherzusagen und ein wichtiges Forschungsthema.

Nach Entwarnung klingt das aber nicht.
TT: Dennoch halten wir nichts von Alarmismus. Wir wollten mit unseren Studien in der Arktis eigentlich zeigen, dass dort eine „Bombe" hochgehen wird; dass bald sehr viel Methan frei wird. Dann haben wir diese Verzögerung festgestellt. Nicht nur, weil die Wärme die Gashydrate erst erreichen muss. Der Schmelzprozess selbst dauert ebenfalls lang. Wie Eiswürfel in einem Glas zehren die Hydrate Energie in Form von Wärme und kühlen die Umgebung zunächst ab, was den Prozess verlangsamt.

Wie steht es um die Gefahr von Hangrutschungen durch die Auflösung von Methanhydraten?
TT: Darüber wird ebenfalls viel spekuliert. Vor etwa 8000 Jahren gab es im Nordatlantik eine der größten bekannten Hangrutschungen weltweit: die Storegga-Rutschung. Ein riesiger Tsunami traf die Küsten des heutigen Norwegens und Großbritanniens. Eine Theorie besagt, dass damals aufgrund der Erwärmung zum Ende der Kaltzeit Gashydrate am Kontinentalhang schmolzen und den ohnehin instabilen Hang ins Rutschen brachten. Aber vielleicht hatten sich auch mit der Zeit immer mehr organische Sedimente am Meeresboden angehäuft, die durch ihr Gewicht den Hang instabil machten. Beim Abrutschen könnten dann Gashydrate freigelegt worden sein.

Weiß man denn, wie sich die Menge an Gashydraten im Ozean in der Vergangenheit verändert hat?
VL: Für diese Frage sind die Karbonate wichtig: Sie lagern sich am Meeresboden ab und können zu ganzen Hügeln wachsen. Vor allem, wenn der Methanausstrom sehr stark ist, weil Hydrate schmelzen oder das Methan aufgrund von Wegsamkeiten im Untergrund fokussiert austritt. Wo viel Methan austritt, verändern die methanfressenden Mikroben die Chemie des Wassers, dadurch fällt Kalziumkarbonat aus. Manche Karbonathügel werden Hunderttausende bis Millionen Jahre alt. Für uns sind sie faszinierende, wichtige Geo-Archive. In der Arktis haben Olaf Pfannkuche und das Team des Tauchroboters *ROV Kiel 6000* um Fritz Abegg einen Karbonatfund gemacht, der während einer Methanfreisetzung zwischen 8000 und 8700 Jahren vor heute entstanden ist. Noch ist unklar, ob es direkt mit dem Abschmelzen von Gashydraten zusammen hing. Aber der Zeitraum liegt nah am Ende der letzten Eiszeit und dem Zurückweichen der Eisbedeckung in der Region. Offenbar besteht da ein Zusammenhang.

Was haben Ihnen die Karbonate verraten, die Sie an Subduktionszonen gefunden haben?
VL: Vor Chile waren große Flächen wie Parkplätze mit verfestigten Karbonaten bedeckt. So etwas haben wir auch vor Neuseeland gefunden. Vor Oregon in den USA gibt es bis zu 50 Meter hoch aufragende Steilwände aus Karbonat. Dort muss eine Zeitlang sehr viel Methan fokussiert frei geworden sein. Wir wollen noch herausfinden, wie solche Vorkommen mit Ereignissen wie Meeresspiegelschwankungen, Erdbeben oder Vulkanausbrüchen zusammenhängen. Vor Costa Rica wiederum gibt es „Mud Mounds": Hügel, in

> **WIR WOLLTEN MIT UNSEREN STUDIEN IN DER ARKTIS EIGENTLICH ZEIGEN, DASS DORT EINE „BOMBE" HOCHGEHEN WIRD.**

denen Material tiefer liegender Schichten aufsteigt oder austritt, und auch Methan. Dort finden sich oft Cold Seep-Karbonate, deren Alter – wie in anderen Regionen des Pazifiks auch – mit Phasen übereinstimmen, in denen der Meeresspiegel schnell sank oder niedrig war. Wir erklären es uns so: Bei abnehmendem Wasserstand verringert sich die Auflast auf das Sediment. Die Hydratstabilität nimmt ab, es kann mehr Methan austreten. Auch freies Gas, das sich unterhalb der Hydrate befinden kann. In diesen Zeiten bilden sich viele Karbonate.

Sie haben Ihre Ergebnisse stets mit denen der Kollegen im Sonderforschungsbereich verglichen. Hat das Ihre Annahmen bestätigt?
VL: Dabei wurde es oft besonders interessant. Das Vulkanologen-Team um Steffen Kutterolf hat Sedimentkerne aus Gebiet der Mud Mounds vor Costa Rica genommen, darin Anzeichen für verstärkte tektonische Aktivität gefunden und sie datiert. Der Vergleich unserer Daten zeigt, dass in dieser von aktiver Subduktion geprägten Region wohl vor allem die Tektonik – also die Bewegung der Erdplatten – vorgibt, ob und wo Methan an Austrittsstellen frei werden kann. Die Veränderungen des Meeresspiegels scheinen aber über Jahrhunderttausende hinweg eine grundlegende, überregionale Rolle für die Freisetzung von Methan zu spielen.

TT: Wir vermuten, dass es im Laufe der Erdgeschichte, insbesondere am Ende von Kaltphasen, immer wieder große Methanfreisetzungen gegeben hat. Das lässt sich mit Hilfe der Kohlenstoffisotopie verfolgen. Interessanterweise stimmen diese Zeiten oft mit solchen überein, in denen es in der Tiefsee aufgrund sauerstoffarmer Bedingungen zu massenhaftem Artensterben kam. Solche Phasen „riechen" ganz stark danach, dass sie mit einer Auflösung von Gashydraten zu tun haben. Aber noch fehlen die Fakten, um es zu beweisen.

Wie haben Sie die blockartigen Karbonate am Meeresboden untersucht?
VL: Vor Costa Rica haben wir erst mit einem videogeführten, über zwei Tonnen schweren elektro-hydraulischen Greifer, ähnlich einer Baggerschaufel, lose Blöcke vom Meeresboden gehoben. Später kam ein mobiles Tiefseebohrgerät zum Einsatz. Beide Verfahren blicken aber stur senkrecht auf den Meeresboden und es ist schwierig, gezielt Proben zu bergen. Vor Chile haben wir dann völliges Neuland in der Tiefseeprobennahme betreten. Wir haben den Tauchroboter ROV Kiel 6000 mit einer Kettensäge ausgestattet und Blöcke aus Karbonatstrukturen herausgesägt – keine einfache Aufgabe für das ROV-Team und die Nerven aller Wissenschaftler an Bord. Aber nur so konnten wir herausfinden, wann in den vergangenen Jahrhunderttausenden viel oder wenig Methan am Meeresboden ausgetreten ist – und wie es mit Temperatur- und Meeresspiegelschwankungen zusammen hing.

Gefährden abschmelzende Gashydrate das Leben im Ozean?
TT: Wenn sehr viel Methan schnell frei wird, könnte es theoretisch zu einer Sauerstoffarmut und einer Versauerung bestimmter Regionen des Ozeans kommen. In der Wassersäule wird Methan von Mikroben mit Sauerstoff zu Kohlendioxid veratmet. Sauerstoff nimmt also ab. Zu geringe Sauerstoffkonzentrationen bereiten vor allem Organismen wie Fischen Probleme. Gleichzeitig senkt Kohlendioxid, wenn es sich im Wasser zu Kohlensäure verbindet, den pH-Wert des Wassers, der Ozean versauert. Was bestimmten kalkbildenden Organismen das Leben schwer macht: Zum Beispiel können viele Muscheln, Kieselalgen und Korallen ihre Kalkschalen und -skelette nicht mehr richtig ausbilden. Eine solche Naturkatastrophe wurde bislang jedoch noch nie live beobachtet.

Der Ozean nimmt auch ein Drittel des Kohlendioxids aus der Atmosphäre auf. Je mehr CO2 wir ausstoßen, desto stärker sinkt der pH-Wert des Ozeanwassers. Die Ozeanversauerung wird deshalb intensiv erforscht. Aber diese „Versauerung von unten" wird dabei noch gar nicht beachtet?

An Deck des Forschungsschiffes „Sonne" im Oktober 2010 vor der chilenischen Küste. Tina Treude nimmt Proben von einem wenige Stunden zuvor geborgenen Karbonatblock, den Forscher verschiedenster Fachrichtungen untersuchen. Während Volker Liebetrau und seine Kollegen den Spuren chemischer Veränderungen auf der Spur sind, bestimmt das Team um Tina Treude die Aktivität methanfressender Mikroorganismen im Meeresboden.

Zur Entnahme von Sedimentproben versenkt der Tauchroboter ROV Kiel 6000 am Meeresboden Rohre aus Plexiglas inmitten einer Matte aus Schwefelbakterien. Im Labor ermöglichen die entnommenen Sedimentkerne mikrobielle Studien an einer aktiven Methansickerstelle.

> **SO WENIG ENERGIE, UND DIE MIKROBEN TEILEN SIE NOCH DURCH ZWEI? ERSTAUNLICH, ABER SIE TUN ES.**

VL: Nein, noch nicht im Detail. Dabei wäre das dringend geboten und auch eine wissenschaftliche Chance. Denn zum einen spielt sie eine Rolle für die Frage nach dem Anteil des Menschen am CO2-Eintrag in den tieferen Ozean. Zum anderen wissen wir nicht exakt, wie die Ökosysteme im Meer auf einen so schnellen Anstieg des CO2-Gehalts reagieren, wie wir ihn derzeit erleben – auch wenn die CO2-Konzentration in der Atmosphäre auf geologischen Zeitskalen vor vielen Millionen Jahren schon bis zu zehnmal höher war als heute. Cold Seeps können hier interessante Erkenntnisse zur Anpassung von Lebensformen an erhöhte Methan- und CO2-Gehalte im Wasser liefern.

TT: Dabei zielt die Frage natürlich auf uns selbst zurück. Die Natur wird in ihrer Gesamtheit mit drastischen Schwankungen vermutlich schon irgendwie zurechtkommen. Die Frage ist, ob auch der Mensch dafür flexibel genug ist.

Die methanfressenden Mikroben am Meeresgrund legen die Grundlage für komplexe Lebensgemeinschaften. Wie schaffen sie das?

TT: Wir nennen sie anaerobe Methanoxidierer, da sie ohne Sauerstoff auskommen. Es gibt sie überall im Meeresboden, wo Methan und Sulfat aufeinandertreffen – zum Beispiel auch in der Eckernförder Bucht. Methan ist ihre Energiequelle, wie für uns die Nahrung. Während wir bei der Verdauung Sauerstoff atmen, nutzen die Mikroben Sulfat aus dem Meerwasser, um Methan zu verarbeiten. Dabei entsteht zum einen Hydrogenkarbonat, aus dem sich Karbonathügel bilden können. Zum anderen Schwefelwasserstoff, das von Bakterien umgesetzt wird, die die Grundlage für chemosynthetische Lebensgemeinschaften bilden.

Und in welchem Zusammenhang stehen die Mikroben mit Gashydraten?

TT: Für die Hydrate bedeuten sie eine ständige Erneuerung: Die Mikroben fressen das Methan, das sich aus den Hydraten ins Porenwasser löst. Gleichzeitig strömt von unten aus tieferen Quellen Methan nach und bildet neues Hydrat.

Die Entdeckung dieser methanfressenden Mikroben glich in der Wissenschaft einem Paukenschlag – warum?

TT: Viele glaubten, dass es die anaerobe Methanoxidation nicht geben kann. Weil die Energie, die beim Methanumsatz mit Sulfat entsteht, nicht ausreichen könne für ein Zellwachstum. Aber diese Annahmen entstanden aufgrund thermodynamischer Berechnungen unter Standardbedingungen. Dann hat meine Doktormutter, Antje Boetius vom Max-Planck-Institut für marine Mikrobiologie in Bremen, Proben aus dem Sediment am Hydratrücken vor der Küste Oregons genommen und festgestellt: Es gibt diesen Prozess sehr wohl! Sie hat 1999 die Mikroben entdeckt, die für ihn verantwortlich sind. Ihre geringe Energieausbeute führt jedoch dazu, dass die Mikroben unglaublich langsam wachsen. Sie haben eine Teilungsrate von vier bis sieben Monaten. Während ein normales Bakterium sich alle paar Minuten oder Stunden teilt. Dabei arbeiten die Mikroben sogar als Partner: Je eine methanoxidierende Archaee und ein sulfatreduzierendes Bakterium sind für den Methanabbau verantwortlich. Diese Entdeckung hat die Wissenschaftswelt erst recht

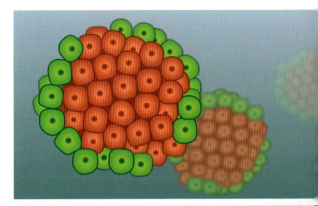

Rechts oben: *Schema eines 2-3 Tausendstel Millimeter großen Mikroben-Zusammenschlusses. Etwa 100 Archaebakterien (rot) werden stets von rund 200 sulfatreduzierenden Bakterien (grün) umwachsen. Gemeinsam verarbeiten sie Methan, dabei entstehen Hydrogenkarbonat und Schwefelwasserstoff.*

Rechts Mitte und unten: *Methan-Durchfluss-Experiment. In Kiel durchspült der Doktorand Philip Steeb die mit dem ROV gewonnenen Sedimentkerne mit Methan. Mit feinen Kanülen werden Proben des Porenwassers entnommen. So testet er den mikrobiellen Methanfilter im Meeresboden auf seine Leistungsgrenzen.*

> **MIT DEN WALEN VERSCHWINDET IN TEILEN DER TIEFSEE VERMUTLICH EINE WICHTIGE LEBENSGRUNDLAGE, VON DER WIR LANGE ZEIT NICHTS AHNTEN.**

aufgerüttelt: So wenig Energie, und sie teilen sie noch durch zwei? Erstaunlich, aber sie tun es.

Was haben Sie Neues über diese Mikroben-Pärchen herausgefunden?
TT: Wir wollten verstehen, wie sie auf Schwankungen im Methanfluss reagieren, die auch wegen des Abschmelzens von Gashydraten auftreten können. In Subduktionszonen bilden sich wegen der tektonischen Aktivität ständig neue Wegsamkeiten. Plötzlich liegt ein Methanaustritt ganz woanders. Dann müssen sich dort Mikroben bilden – aber wie schnell und unter welchen Bedingungen sie das tun, wissen wir noch nicht. Deshalb haben wir vor Costa Rica Sedimentkerne genommen, in einem Gebiet voller Cold Seeps und Hydrate. Durch diese Kerne lässt unser Doktorand Philipp Steeb hier im Labor nun Methan fließen, in unterschiedlichen Geschwindigkeiten. So kann er beobachten, wie die Mikroben auf Schwankungen reagieren.

Ihre Forschungsthemen wirken auf den ersten Blick skurril: Gashydrate und anaerobe Mikroben, aber auch Kadaver gestorbener Wale und Aasfresser in der Tiefsee. Wie hängt all das miteinander zusammen?
TT: Zunächst einmal steht dahinter die absolute Faszination für die Tiefsee. Für diesen riesigen, belebten Teil der Erde, über den wir noch so wenig wissen und wo für uns Menschen äußerst harsche Bedingungen herrschen, an die sich die Organismen angepasst haben. Die Themen verbindet mehr miteinander, als man denken würde. An Walkadavern finden sich ähnliche Mikroorganismen und Tiere wie an Cold Seeps, Gashydraten und Schwarzen Rauchern. Unser Kollege Craig Smith an der Universität von Hawaii glaubt, dass die tonnenschweren Kadaver eine Art Trittsteine für Larven sein könnten, um von einem Cold Seep oder Schwarzen Raucher zum anderen zu kommen. Die Tiefsee-Oasen liegen mitunter sehr weit voneinander entfernt. Einen Walkadaver findet man indes am Meeresboden entlang der Wanderungsrouten im Schnitt alle 13 Kilometer.

Die Zahl der Wale in den Weltmeeren hat sich durch die Jagd auf sie massiv reduziert. Was bedeutet das für die Ozeane?
TT: Mit den Walen verschwindet in Teilen der Tiefsee vermutlich eine wichtige Lebensgrundlage, von der wir lange Zeit nichts ahnten. Welche Folgen das hat, wissen wir noch nicht.

Mit Ihrer Forschung weisen Sie auch der Industrie den Weg in die Tiefsee – zum Beispiel zu Methanhydraten. Besteht die Gefahr, dass Lebensräume zerstört werden, die wir gerade erst zu verstehen beginnen?
VL: Zunächst einmal haben wir eine Verpflichtung der Grundlagenforschung gegen-

Knochenreste eines großen Wals. Vermutlich sank das Tier vor einigen Jahrzehnten auf den Meeresboden vor der Küste Chiles. In der ansonsten eher kargen Tiefsee bilden die fettreichen, tonnenschweren Walkadaver eine wichtige Lebensgrundlage für viele Organismen. Die Kieler Forscher stießen während ihrer Ausfahrt durch Zufall auf das Skelett.

Finnwale begleiten vor Chile das Forschungsschiff „Sonne". Entlang der Wanderrouten der Meeressäuger finden Meeresforscher viele Walkadaver am Meeresboden. Sie vermuten, dass sie für Larven und Tiefseetiere wichtige „Trittsteine" zwischen nahrungsreichen Cold Seeps und Schwarzen Rauchern sind. Durch die Jagd auf Wale ist ihre Anzahl drastisch gesunken. Wie sich das auf die Tiefsee und das Ökosystem Ozean auswirkt, ist noch nicht erforscht.

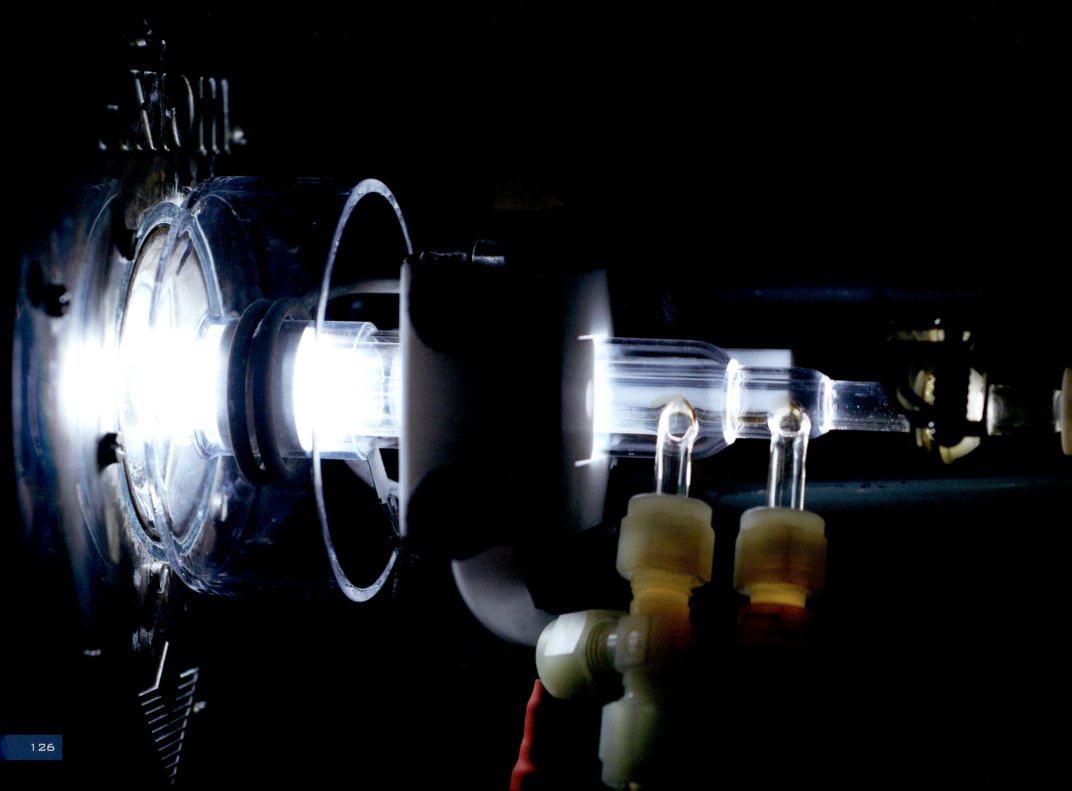

> **DIE NATUR WIRD IN IHRER GESAMTHEIT MIT DRASTISCHEN SCHWAN-
> KUNGEN VERMUTLICH SCHON IRGENDWIE ZURECHTKOMMEN.
> DIE FRAGE IST, OB AUCH DER MENSCH DAFÜR FLEXIBEL GENUG IST.**

über, wir benötigen fundiertes Wissen – auch um falsches Handeln zu vermeiden. Und wir brauchen ein Grundverständnis, was mit der Umwelt bei einem Abbau von Gashydraten passiert. Natürlich hoffen wir, dass wir als Gesellschaft mit diesem Wissen verantwortungsvoll umgehen.

TT: Momentan haben wir einen großen Zeitvorteil. Selbst wenn Japan bald Hydrate abbaut, bedeutet das global noch keinen massiven Eingriff. Wir begnügen uns aber nicht mehr mit der reinen Wissenschaft. Auf Initiative von Craig Smith und anderen amerikanischen Kollegen versuchen wir, Schutzgebiete für Cold Seeps und Schwarze Raucher einzurichten.

Das wäre neu. In den Ozeanen gibt es bisher nur wenige wirksame Schutzgebiete. Wie gehen Sie vor?

TT: Zunächst mal müssen wir klarmachen, weshalb Cold Seeps wichtig sind. Da hat die Entdeckung der Kinderstuben für Haie und Rochen enorm geholfen. Auch die vielen Tiere, die wir bei unseren Ausfahrten jedes Mal antreffen, zeugen vom Wert dieser Ökosysteme. Auf interdisziplinären Workshops beraten wir, welche Aspekte für ein Meeresschutzgebiet wichtig sind. Wir ziehen Experten hinzu, auch Ökonomen und Juristen. Und wir nehmen uns selbst als Gefahrenpotenzial nicht aus – auch die Tiefseeforschung muss reguliert werden. Bisher erkundet die Indus-

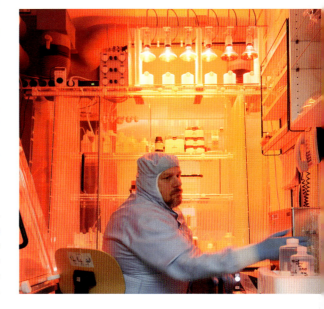

Rechts oben: Sauberkeit im Labor. Für die Messung im Massenspektrometer müssen einzelne Elemente aus den Gesteins- und Wasserproben extrahiert werden. Das geht nur unter Reinraumbedingungen – Schutzanzug und Handschuhe sollen Verunreinigungen verhindern.

Heiß wie die Oberfläche der Sonne. Bei etwa 7000 Grad Celsius ionisiert diese Flamme eines Massenspektrometers Bestandteile einer Gesteinsprobe für dessen Altersbestimmung. Die Forscher extrahieren dafür Uran- und Thoriumisotope aus den Karbonaten (siehe Fotos rechts). Die relative Menge eines seltenen Thoriumisotops (^{230}Th) verrät ihnen das Alter des Gesteins. Es entsteht durch den Zerfall von Uran, das bei der Bildung der Karbonate aus dem Meerwasser in das Gestein übergegangen ist.

Rechts unten: Kleinstarbeit. Die zu messenden Mengen der verschiedenen Isotope bewegen sich häufig vom Nano- bis hinunter in den Femtogrammbereich, entsprechen also zum Teil nicht mehr als einigen billiardstel Gramm. Dennoch lässt sich aus ihnen das Alter der Gesteine exakt bestimmen.

> **WIE IMMER IN DER WISSENSCHAFT SIND AUS DEN BEANTWORTETEN FRAGEN VIELE NEUE ENTSTANDEN. ABER JE MEHR FRAGEN WIR BEANTWORTEN, DESTO PRÄZISER KÖNNEN WIR DIE NÄCHSTEN STELLEN.**

trie Gashydrate nur punktuell. Eine größere Gefahr sind Fischer, die ihre Schleppnetze über die Habitate ziehen und massiven Schaden anrichten.

Was schlagen Sie und Ihre Kollegen also vor?
TT: An Kontinentalhängen, an denen Cold Seeps oder Schwarze Raucher vorkommen, sollten in bestimmten Abständen Schutzgebiete eingerichtet werden. So können sich Tiere und Larven weiterhin ausbreiten und vermehren. Zwischen diesen Gebieten darf gefischt werden, es darf Abbau betrieben werden. In flacheren Meeresgebieten gibt es Beispiele, wo so etwas sehr gut funktioniert.
VL: Es wäre ein Gewinn für alle Seiten. Die Artenvielfalt würde bewahrt. Die Fischbestände könnten sich erholen und Fischer auch morgen noch vom Fischfang leben – woran auch lokale Behörden interessiert sind. Und wir Forscher könnten die Tiefsee-Habitate mit Kontinuität und Nachhaltigkeit weiter erkunden. Die biologischen und geologischen Prozesse zu beobachten – auch das Wechselspiel zwischen den Kontinenten, dem Meer und der Atmosphäre – und daraus Daten zu gewinnen, mit denen man die Zukunft modellieren kann, ist für mich unheimlich motivierend. Wie immer in der Wissenschaft sind aus den beantworteten Fragen viele neue entstanden. Aber je mehr Fragen wir beantworten, desto präziser können wir die nächsten stellen.

Dr. Volker Liebetrau studierte Geologie und Paläontologie in Göttingen, promovierte an der Université de Fribourg in der Schweiz und ist seit 2001 Wissenschaftlicher Mitarbeiter am GEOMAR | Helmholtz-Zentrum für Ozeanforschung Kiel. Sein Weg führte von der geologischen Forschung in Namibia und den Alpen über modernste Analytikverfahren der Isotopengeochemie in Mainz, Kopenhagen und Göttingen zur Erforschung mariner Geosysteme in Kiel. Im Sonderforschungsbereich 574 wie auch in anderen Projekten geht er seit 2001 den Geheimnissen kalter Quellen am Meeresboden auf die Spur. Volker Liebetrau ist verheiratet und hat zwei Kinder.

*Prof. Dr. Tina Treude studierte biologische Meereskunde in Kiel und widmete sich während ihrer Diplomarbeit den Aasfressern der Tiefsee. Am Bremer Max-Planck-Institut für Marine Mikrobiologie promovierte sie über die anaerobe Methanoxidation in marinen Sedimenten.
Nach einem DFG-Forschungsstipendium in Südkalifornien wurde sie 2007 Juniorprofessorin im Exzellenzcluster „Ozean der Zukunft" am GEOMAR | Helmholtz-Zentrum für Ozeanforschung Kiel. Von 2008 bis 2012 leitete sie gemeinsam mit Dr. Peter Linke ein Teilprojekt des Sonderforschungsbereichs 574. 2011 wurde Tina Treude auf eine Vollprofessur am GEOMAR und der Universität Kiel berufen und leitet heute die Arbeitsgruppe Marine Geobiologie.*

Schätze in Kisten. Im Archiv des GEOMAR | Helmholtz-Zentrums für Ozeanforschung Kiel lagern Tiefseeproben von den Forschungsfahrten. Im Labor werden sie untersucht und analysiert. Die Kisten beinhalten Informationen über die Ozeanentwicklung, unter anderem über Jahrhunderttausende mariner Methanfreisetzung

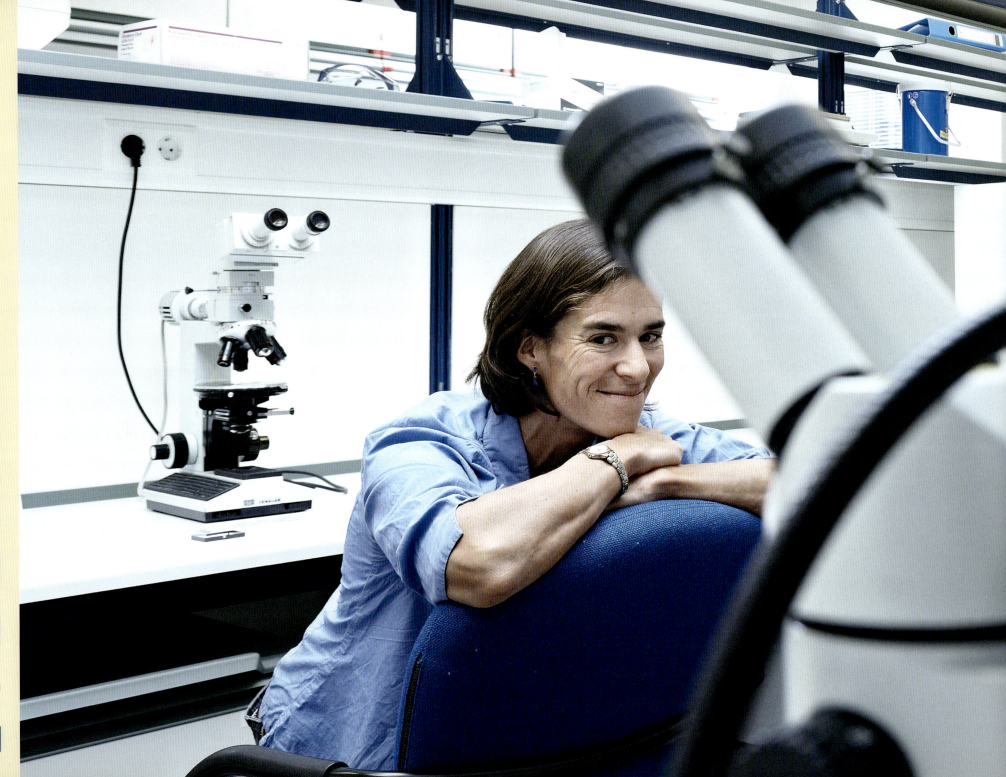

VULKANE - SPURENSUCHE AM TATORT

Vulkanausbruch bei Vollmond: Der Stromboli auf den Äolischen Inseln in Italien ist der einzige ständig tätige Vulkan Europas. Er gehört zu einer Vulkankette, die sich vom Ätna auf Sizilien bis zum Vesuv bei Neapel zieht. Der Grund für den Vulkanismus in Italien ist die Subduktion der afrikanischen Platte unter die apulische Platte – eine kleine Lithosphärenplatte, die Italien, die Alpen, die Adria und den westlichen Balkan umfasst.

Wer glaubt, über Vulkane sei alles bekannt, täuscht sich. Die feuerspeienden Berge geben selbst Experten noch immer Rätsel auf. Wie lässt sich ein Ausbruch vorhersagen? Wovon hängt ab, wie stark er sein wird? Und welchen Einfluss hat ein Vulkanausbruch auf Atmosphäre und Klima?

Die Geologen Heidi Wehrmann und Steffen Kutterolf sind zur Spurensuche um die halbe Welt gereist: Sie haben auf den höchsten Gipfeln Mittel- und Südamerikas „Beweismaterial" für Vulkanausbrüche aller Art gesammelt. Auch Tausende Kilometer von den Vulkanen entfernt, am Meeresboden der Tiefsee, fanden sie „Fingerabdrücke" vergangener Eruptionen. Auf diese Weise wollten sie den Mechanismen, die hinter den Ausbrüchen stehen, auf die Schliche kommen. Der Verdacht der Forscher: Vulkane haben viele Verbündete – den Ozean, Erdbeben, vermutlich sogar das Klima. Nur so lassen sich die besonders starken und explosiven Ausbrüche erklären, die den Vulkanismus an Subduktionszonen prägen.

Doch Vulkane sind offenbar auch Teil eines großen, globalen Kreislaufs: Manche Stoffe, die bei einem Ausbruch herausgeschleudert werden, gelangen in die Atmosphäre, den Ozean – und tauchen von dort in einem Jahrmillionen dauernden Prozess erneut mit den Erdplatten in die Subduktionszone ab. Vulkane bilden im wahrsten Sinne den Höhepunkt jeder Subduktionszone. Doch für Menschen in ihrer Nähe werden sie oft zur tödlichen Gefahr. Um diese Gefahr besser zu verstehen, haben Heidi Wehrmann, Steffen Kutterolf und ihre Kollegen im Sonderforschungsbereich 574 alles zusammengetragen, was sie über Vulkane herausfinden konnten.

Sie zeichnen ein Bild faszinierender Kräfte, die im Inneren der feuerspeienden Giganten zusammenspielen. Sie blicken in die Vergangenheit und in die Zukunft großer und kleiner Eruptionen. Und sie geben konkrete Hinweise, welche Gefahrenzonen in der Nähe aktiver Vulkane besser vermieden werden sollten.

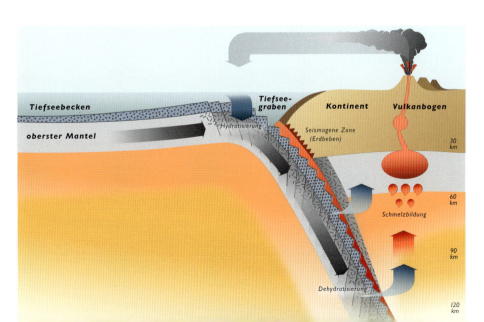

Schema des Vulkanismus an Subduktionszonen. In die abtauchende Platte dringt Ozeanwasser ein, und mit ihm volatile Elemente: chemische Verbindungen wie Kohlendioxid, Wasser, Schwefel und Chlor, die über Jahrhunderttausende durch die Subduktionszone wandern. In Tiefen von über 90 Kilometer lösen sich Teile der Volatile aus dem Gestein. Sie setzen den Schmelzpunkt des Erdmantels herab, wodurch sich verstärkt Magma bildet. Während des Aufstiegs verändert sich die Zusammensetzung des Magmas, bis es an der Oberfläche eruptiert und in der Aschewolke zum Teil wieder bis über den Ozean transportiert wird.

„ INTERVIEW MIT STEFFEN KUTTEROLF UND HEIDI WEHRMANN
GEOLOGEN MIT DETEKTIVISCHEM GESPÜR

Sie widmen sich einem Phänomen, das faszinierend zu beobachten ist, aber immer wieder für Menschen zur Naturkatastrophe wird. Welche Gefahren kann ein Vulkanausbruch bergen?

SK: Viele Menschen kennen – meist aus dem Fernsehen – glühende Lavaströme, die sich, relativ ruhig fließend, über einen Hang ergießen. Je nach Tempo und Masse können sie Feuer auslösen und Häuser und Straßen zerstören. Gefährlicher sind jedoch explosive Ausbrüche, die an Subduktionszonen häufig vorkommen. Dabei wird das Magma in Fragmente aus Lava zerfetzt, um in Glutwolken aus Lava, Gas und Gesteinsbrocken bis zu 30 Kilometer hoch in die Atmosphäre geschleudert zu werden – oder als sogenannte pyroklastische Ströme den Hang hinabzurasen und ganze Städte zu vernichten. Wie im Fall des Pinatubo, der 1991 auf den Philippinen ausbrach, oder dem berühmten Beispiel des Vesuv, bei dem 79 nach Christus Pompeji zerstört wurde. Die aus der Wolke abregnende Asche legt sich zudem wie ein Teppich in dicken Schichten über alles in der Umgebung, und es gelangen Schwefel und Halogene in die Stratosphäre – Gase, die das Klima und die Ozonschicht beeinflussen.

Ein solcher Ausbruch legt heutzutage wohl auch den Flugverkehr lahm – wie nach dem Ausbruch des Eyjafjallajökull in Island im März 2010?

SK: Ja, wobei dieser Ausbruch längst nicht so stark war wie der des Pinatubo oder des Vesuvs. Aber die Aschewolken, die vor allem aus winzigen Glaspartikeln bestehen, können die Triebwerke außer Kraft setzen und wie ein Sandstrahl die Sichtfenster der Piloten blind machen. Oft schwirren winzige Aschepartikel noch wochenlang in der Luft herum und verursachen bei Menschen und Tieren Lungenprobleme.

HW: Aber auch vermeintlich harmlose, kleinere Ausbrüche können gefährlich sein. Wenn ein Vulkan durch Schnee oder einen Kratersee ausbricht, geraten gewaltige Schlamm- und Geröllströme in Bewegung. Diese sogenannten Lahare stürzen den Hang hinab – alles, was in ihrem Weg steht, wird weggefegt oder verschüttet. Auch Tsunamis

Die Ortschaft Chaitén in Südchile. Bei einer Exkursion im Frühjahr 2009 stieß die Forschungsgruppe auf die Spuren des Ausbruchs des Vulkans Chaitén, der im Hintergrund noch immer schwefelhaltige Gase ausstößt. Am 2. Mai 2008 hatten Lahare – Schlammströme – das Zentrum der Ortschaft vollständig zerstört.

Schema der Gefahren, die von Vulkanen ausgehen. Lavaströme, Lahare (Schlammströme) und pyroklastische Ströme aus heißen Gesteinspartikeln können Straßen, Brücken und Städte zerstören. Die Gase aus der Eruptionswolke verursachen Atem- und Lungenprobleme und schränken den Flugverkehr ein. Durch einen Ausbruch verursachte Hangrutschungen und pyroklastische Ströme können in einem See oder im Meer Tsunamis auslösen.

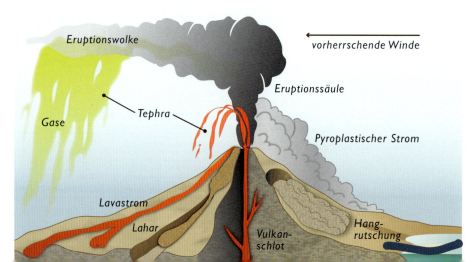

„ ALLES WAS DU SIEHST, WIRD DIE NATUR BALD VERWANDELN UND AUS DIESEM STOFF ANDERE DINGE SCHAFFEN UND AUS DEREN STOFF WIEDERUM ANDERE, DAMIT DIE WELT IMMER VERJÜNGT WERDE.
(MARC AUREL)

Wolken und schwefelhaltige Dämpfe durchziehen eine vulkanische Hochebene in Indonesien

> **MANCHMAL VERSPERRTEN ERDRUTSCHE UNSEREN WEG. ODER WIR STIESSEN AUF WEGE, DIE FÜR UNSEREN GELÄNDEWAGEN ZU STEIL ODER ZU SCHMAL WAREN.**

Abgekühlte Lava. Bei den Ausbrüchen des Llaima flossen Lavaströme die Hänge hinab. Der Vulkan ist einer der aktivsten Vulkane Chiles und brach zuletzt 2009 aus. Mit der Abkühlung verlangsamt sich die Lava und erstarrt schließlich zu Gesteinsmassen – so wie diese etwa zehn Meter hohe Lavawand im Nationalpark Conguillío.

können durch Vulkanausbrüche entstehen: wenn Bergflanken abbrechen und ins Meer oder einen großen See rutschen, oder wenn große Eruptionen nahe der Wasseroberfläche stattfinden. Es ist deshalb wichtig, dass Anwohner und Regierungen auf solche Gefahren achten.

Da kommt die Forschung ins Spiel: Was war das Ziel Ihrer Vulkan-Erkundungen?
SK: Wir wollten das Gefahrenpotenzial der Vulkane Mittelamerikas und Chiles ermitteln: Mit welcher Wahrscheinlichkeit brechen welche Vulkane in Zukunft aus? Wir haben dafür Zeitreihen vergangener Vulkanausbrüche erstellt, um Verhaltensmuster zu erkennen und Prognosen für die Zukunft zu machen. Aber jeder Vulkan reagiert anders bei einer Eruption, man muss also sämtliche für einen Ausbruch relevanten Aspekte betrachten. Unsere Kollegen haben anhand seismischer Daten und der Entgasung von Vulkanen noch genauere Vorhersagen getroffen, die wir den Behörden vor Ort zur Verfügung gestellt haben.
HW: Darüber hinaus ging es auch um die Frage, wie sich Vulkanausbrüche auf das Klima und die Ozonschicht auswirken. Wenn wir diesen natürlichen Gaseintrag in die Atmosphäre kennen, können wir auch den Anteil des Menschen an den Klimagasen in der Atmosphäre berechnen. Zum Beispiel ist der Anteil ozonvernichtender Halogene heute viermal so hoch ist wie in vorindustrieller Zeit.

Müssen die Lehrbücher über Vulkane nun umgeschrieben werden?
SK: Manche Abschnitte wohl schon. Zum Beispiel haben die Kollegen um Thor Hansteen beobachtet, dass manche Vulkane vor einem großen Erdbeben mehr Gas ausstoßen. So trat Monate vor dem großen Maule-Erdbeben im Februar 2010 aus dem Vulkan Villarrica immer mehr Schwefel aus. Tage vor und auch nach dem Beben hingegen extrem wenig. Diese Erkenntnis könnte ein wertvolles Signal für Frühwarnsysteme sein. Umgekehrt ziehen starke Erdbeben oft auch Vulkanausbrüche nach sich – vermutlich, weil im Untergrund Wegsamkeiten für Fluide frei werden, die das Magma nach oben schießen lassen.
HW: Das Ziel des Sonderforschungsbereichs 574 war, den gesamten Kreislauf von Stoffen – also von Volatilen und Fluiden – an Subduktionszonen zu ermitteln. Vor Mittelamerika und Chile haben wir das inzwischen geschafft: ein Gesamtbudget aller Stoffe, die dort umgewälzt werden. In Zukunft kann man solche Daten auf andere Subduktionszonen übertragen und weltweite Berechnungen für den Stoffumsatz und die Gase in

Exkursion zu Pferd. Heidi Wehrmann, Kaj Hoernle und ihre chilenischen Begleiter sind an einem Krater des Vulkansystems rund um den Descabezado Grande unterwegs – dem „großen Geköpften", ein 3953 Meter hoher Vulkan im Nationalpark Altos del Lircay. Gleich daneben liegen die Vulkane Cerro Azul und Quizapu.

> **ALS DER VULKAN ATITLÁN IM HEUTIGEN GUATEMALA AUSBRACH, VERTEILTE SICH DIE ASCHE IM NORDEN BIS NACH FLORIDA UND IM SÜDEN BIS NACH PERU.**

der Atmosphäre anstellen.

Ein Großteil der weltweiten Vulkane liegt an den Grenzen der Erdplatten, die explosivsten wiederum liegen an Subduktionszonen. Warum ist das so?
HW: Wegen des Wassers, das dort mit der Ozeanplatte ins Erdinnere abtaucht. Es löst sich aufgrund der Hitze und des Drucks in rund 120 Kilometer Tiefe teilweise aus dem Gestein und setzt im darüber liegenden Mantelkeil den Schmelzpunkt des Gesteins herab. So bildet sich viel Magma – und wo Magma aufsteigt, entstehen Vulkane. Diese groben Mechanismen an Subduktionszonen sind etwa seit den 1970er Jahren bekannt. Wie die Abläufe aber im Einzelnen funktionieren, war lange nicht klar.

Wie sind Sie vorgegangen, um ihnen auf die Spur zu kommen? Sind Sie in brodelnde Krater hinein geklettert?
HW: Wir waren oftmals nah dran: Im Frühjahr 2009 besuchten wir den Vulkan Chaitén in Chile, der auch ein Jahr nach seinem großen Ausbruch noch kleine Asche-Eruptionen produzierte und über seinen Lavadom am Gipfel kräftig schwefelhaltige Gase ausstieß. Auf dem Vulkan Villarrica wiederum – einer der aktivsten Vulkane der Erde – blickten wir vom Kraterrand direkt in den glühenden Lavasee hinab. Nicht ganz ungefährlich: Wir kletterten über Schnee und Eis und mussten achtgeben, nicht hinein zu fallen. Aber das Material explosiver Vulkanausbrüche verteilt sich zum Glück großräumig in der Umgebung, so dass wir nicht alle Gipfel erklimmen mussten, um die Gesteine zu finden, die wir später im Labor untersucht haben.

Nach welcher Art von Gesteinen suchen Sie?
HW: Nach solchen, die verraten, welche Gase beim Vulkanausbruch frei geworden sind. Die Gase haben sich natürlich längst verflüchtigt. Deshalb suche ich nach dem, was wir Schmelzeinschlüsse nennen: winzige Tropfen erkalteten Magmas, die in Kristalle eingeschlossen sind und die ursprünglich gelösten Gase noch enthalten. Wir wollen wissen, wie solch primitive Schmelzen in den Tiefen der Subduktionszone entstanden sind und welche Stoffe aus der abtauchenden Ozeanplatte daran beteiligt waren. Auch wie sich die Einschlüsse entlang einer Subduktionszone unterscheiden – und in welchem Zusammenhang dies mit Änderungen in der abtauchenden Platte steht.

Haben Sie alle Vulkane in Mittelamerika und Chile besucht?
HW: Das war unser Ziel. In Mittelamerika haben wir es geschafft, in Chile nicht ganz. Wir haben im Vorfeld alles recherchiert, was es an Literatur, früheren Studienergebnissen und Kartenmaterial zu den Vulkanen gab. Dann haben wir eine Prioritätenliste der Vulkane erstellt, die für uns am interessantesten sind. Von diesen haben wir uns erst die vorgenommen, die logistisch erreichbar schienen – die komplizierteren kamen später dran.

Und dann sind Sie hingefahren und haben eingesammelt, was Sie fanden?
HW: Fast. Manchmal versperrten uns Erdrutsche den Weg. Oder wir stießen auf Wege, die für unseren Geländewagen zu steil oder zu schmal und selbst zu Fuß sehr anspruchsvoll waren. Die chilenischen Kollegen empfahlen uns Pferde, was eine hervorragende

Rechts und folgende Seite: Steilwand mit vulkanischen Aschelagen am Río Truful Truful in Chile. Solche natürlichen Aufschlüsse geben den Forschern einen guten Überblick über die Stratigrafie – die Abfolge der sonst im Untergrund verborgenen Gesteinsablagerungen. Kieler Forscher nutzen eine Vulkanexkursion für einen Austausch mit Ihren Kollegen aus Südamerika. Die Gruppe bereiste in vier Tagen die Schlüsselstellen der Chile-Subduktionszone.

Links unten: Tüten voller Steine. Heidi Wehrmann verbindet während der Exkursionen ihr Kletter-Hobby mit dem Nützlichen. Aus Steilwänden gewinnt sie Proben vulkanischer Ablagerungen, auf der Suche nach Gestein mit Schmelzeinschlüssen.

Ganz links unten: Steilwand bei San Marcos, Nicaragua. Hellgraue Schichten sind Bimsgestein: Ablagerungen von zwei großen Vulkanausbrüchen vor 24.000 Jahren. Schwarz sind die Schlackeablagerungen einer riesigen, Plinianischen Eruption vor rund 60.000 Jahren. Diese Ablagerungen aus der Gegend des heutigen Vulkans Masaya bei der Hauptstadt Managua heißen Fontana Tephra.

> NICHTS GEHT UNTER IM RIESIGEN WELTALL, O SCHENKET MIR GLAUBEN, SONDERN ES WANDELT UND NEUERT DIE FORM.
> (OVID)

> IN DIESER RÖHRE LIEGEN INFORMATIONEN ÜBER VULKANAUSBRÜCHE DER VERGANGENEN 200.000 BIS 400.000 JAHRE.

Ein Schwerelot samt Bleigewichten wartet auf seinen Einsatz an Bord des Forschungsschiffes „Sonne". Mit diesem simplen Stechrohr gewinnen die Forscher wertvolle Proben aus dem Meeresboden, oft in Tausenden Metern Wassertiefe.

Idee war. Selbst durch Flüsse, in denen uns das Wasser bis zum Hals stand, kamen die Tiere wacker durch.

Wie lange waren Sie jeweils unterwegs?
HW: Je nach Tour zwischen zwei und fünf Tagen. Wir waren meist zu zweit oder zu dritt: Mein Kollege Kaj Hoernle und ich; bei drei Touren hatten wir noch eine Studentin dabei. Begleitet wurden wir von Einheimischen und Packmulis, die unser Trinkwasser, Essen und Zelte trugen. Auf dem Rückweg hatten die Mulis immer jede Menge Steine auf dem Rücken. (lacht)

War jede Tour ein Erfolg?
HW: Wir haben oft länger gebraucht als gedacht, aber im Ergebnis haben wir überall wertvolle Proben sammeln können. In den eher urbanen, zugänglichen Gebieten kamen uns oft Straßenbautätigkeiten zu Hilfe: Wenn kurz zuvor eine senkrechte Wand in die Bergflanke geschnitten worden war, bekamen wir einen guten Überblick über die Stratigrafie, also die Ablagerungssequenzen. Davon haben wir in Nicaragua stark profitiert – dort bin ich viel geklettert, womit ich mein Hobby auch noch mit etwas Nützlichem verbinden konnte.
SK: Stimmt, wir haben Heidi dafür bewundert. Armin Freundt und ich standen meist unten und nahmen säckeweise Steine in Empfang, die Heidi aus der Wand gehauen hatte. (lacht)

Erkennen Sie mit bloßem Auge, welche Steine Ihnen etwas über Vulkanausbrüche verraten?
HW: Wir suchen nach den jungen Ablagerungen explosiver Ausbrüche, nach Tephren. Tephra ist griechisch für Asche und meint alles, was bei einem explosiven Vulkanausbruch freigesetzt wird. Vor Ort schlage ich sie meist ein wenig an und gucke mit der Lupe, was für ein Mineralbestand enthalten ist. Ich suche nach der primitivsten Schmelze – Magma, dessen Zusammensetzung sich im Laufe des Aufstiegs aus den Tiefen der Subduktionszone möglichst wenig verändert hat.

Rechts oben: Steffen Kutterolf ist mit der Ausbeute vom Meeresboden zufrieden: Der Bohrkern enthält viele Aschelagen.

Rechts Mitte: An Bord des Forschungsschiffes wird der elf Meter lange Sedimentkern in je ein Meter lange Abschnitte zersägt. Anschließend werden sie mit einem Draht vorsichtig der Länge nach zerteilt.

Rechts unten: Schwarze Aschelagen im Sediment stammen von großen Vulkanausbrüchen an Land. Eine Munsell-Skala hilft bei der Farbbestimmung der Sedimente, um sie beschreiben und zuordnen zu können.

> **OFT GLAUBEN MENSCHEN, WENN EIN VULKAN ZEHN JAHRE LANG NICHT AUSGEBROCHEN IST, SEI ER ERLOSCHEN.**

Haben Sie beide nach derselben Art von Steinen gesucht?
SK: Nein, deshalb haben sich unsere Wege immer wieder getrennt. Für meine Projektgruppe ging es vor allem um hoch explosive Ausbrüche und die Frage, wie sich die Schmelzen dabei verändert haben. Wir suchten nach Ablagerungen am Fuß des Vulkans und am Meeresboden: Im Sediment finden sich die Hinterlassenschaften sogenannter Plinianischer Vulkanausbrüche – nach dem römischen Gelehrten Plinius dem Jüngeren, der so einen Ausbruch bei der Eruption des Vesuvs 79 nach Christus erstmals beschrieb. Sie bilden extrem hohe Eruptionssäulen, die mit einer Geschwindigkeit von anfänglich bis zu 500 Metern pro Sekunde bis in die Stratosphäre aufsteigen. Dort wird die Aschewolke oft Tausende von Kilometer weit mit dem Wind fort geweht, während sie nach und nach abrieselt – auch über dem Meer.

Sie konnten also einer Ihrer Lieblingsbeschäftigungen nachgehen: Bohrkerne aus der Tiefsee zu ziehen?
SK: (lacht) Ja, das hat sich über die Jahre zu meinem Steckenpferd entwickelt. In den Bohrkernen suche ich nach Aschelagen: Schwarze und weiße, unterschiedlich dicke Schichten, die von Vulkanausbrüchen stammen. So lässt sich wunderbar beantworten, wann ein Vulkan ausbrach, welche Masse er ausstieß und wie hoch seine Eruptionssäule war.

Wie finden Sie solche Ascheschichten?
SK: An Stellen, an denen wir Spuren vermuten, drücken wir in bis zu 6000 Metern Meerestiefe lange Stahlrohre in den Meeresboden. So haben wir zuletzt bis zu 11 Meter lange Sedimentkerne eingefangen, in denen Aschelagen auftraten. Über den Ozeanboden verteilt konnten wir so eine Aschenverbreitungskarte erstellen. Dabei stehen wir immer unter Zeitdruck: Stets sind Kollegen aus vielen verschiedenen Disziplinen an Bord, der Arbeitsplan ist eng getaktet, und wenn wir nicht innerhalb kurzer Zeit den Bohrkern an Bord haben, ist unsere Chance verstrichen und das Schiff fährt weiter.

Wie weit zurück in der Geschichte können Sie mit 11 Metern Meeresboden gucken?
SK: Etwa 200.000 bis 400.000 Jahre. Für alles, was älter ist, benötigen wir große Bohrschiffe. Ich beteilige mich deshalb auch am Integrated Ocean Drilling Program (IODP) – einem internationalen Forschungsprojekt, bei dem wir bis zu 1000 Meter tief in den Meeresboden bohren können. So gewinnen wir Daten über vulkanische Ereignisse, die bis zu 8 Millionen Jahre zurück liegen.

Das ist ja ein riesiger Unterschied!
SK: Sicher, aber solche Bohrschiffe zu chartern, ist extrem teuer. Sie kosten bis zu 500.000 Dollar am Tag. Und unsere wichtigsten Untersuchungen funktionierten auch mit kürzeren Bohrungen. So wie die einer Großeruption vor 84.000 Jahren: Als damals der Vulkan Atitlán im heutigen Guatemala ausbrach, verteilte sich die Asche im Norden bis nach Florida und im Süden bis nach Peru. Dementsprechend weit entfernt findet sie sich auch im Ozean wieder – innerhalb von 11 Metern im Sediment. Es war eine gigantische Eruption, die einen eigenen Namen bekam: Los Chocoyos. Ihre Aschewolke stieg bis in 40 Kilometer Höhe auf. Das können wir anhand der Korngröße der Aschepartikel erkennen.

Und wie finden Sie die Gase, die dabei freigeworden sind?
SK: Mit Hilfe chemischer Analysen. Wir suchen nach Vulkangestein, das stark differenziert ist – sich also aus dem ursprünglichen Magma, nach dem Heidi „jagt", weiter entwickelt hat. Wenn Magma in der Kruste gespeichert und langsam kühler wird, ändert sich die Zusammensetzung der Schmelze: Einige Elemente werden ihr durch Kristallisierung entzogen, andere reichern sich an. Zu letzteren zählen auch die Volatile, also gelöste Gase. Eruptionen sind meist explosiver, je höher differenziert die Magmen sind. Denn die Gase sind das Antriebsmittel des Vulkanausbruchs: Je weiter sie aus der Tiefe nach oben steigen, desto mehr dehnen sich die Gasbläschen aus – bis sie platzen und alles zum explodieren bringen. Die Analysen der Schmelzeinschlüsse verraten uns, wie viel Gas ursprünglich im Magma war. Vergleichen wir das mit dem Gasgehalt nach der Eruption, bekommen wir heraus, welche Menge welchen Gases der Vulkan frei gesetzt hat. Bei der Los Chocoyos-Eruption waren es fast 700 Megatonnen Schwefeldioxid, das ist 35-mal soviel wie bei der 1991er Pinatubo-Eruption. Dabei hat selbst diese eine merkliche globale Abkühlung bewirkt – aber davon erzählt Kirstin Krüger im nächsten Kapitel mehr.

Solche Zahlen kannte man vorher nicht?
SK: Nein. Wir wissen nun, welche Masse in den vergangenen 200.000 Jahren an allen Vulkanen in Mittelamerika eruptiert worden ist. Solche Daten für eine gesamte Subduktionszone vorlegen zu können, ist ziemlich einmalig. Dasselbe wollen wir auch für Chile erreichen. Mit diesen Daten lassen sich Modelle füttern, welche die Klimawirksamkeit von Vulkanausbrüchen berechnen. Wir können auch beziffern, wie viel von welchem Element in die Subduktionszone hinein geht und wie viel davon wo wieder herauskommt.

Blick auf die Vulkaninsel Lopevi, Teil des Inselstaats Vanuatu im Südpazifik.

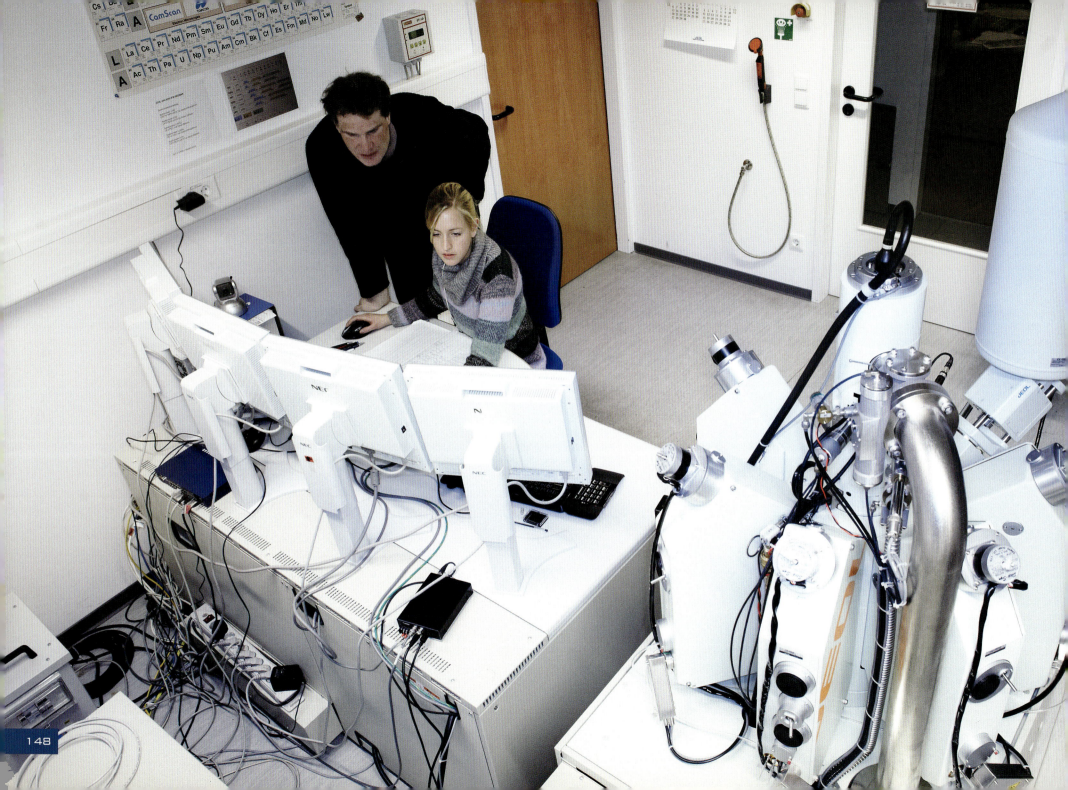

> **DIE DETEKTIVARBEIT AN VULKANEN IST FASZINIEREND. MAN FINDET STETS ETWAS NEUES HERAUS UND BOHRT NOCH EIN WENIG NACH.**

Arbeit an der Mikrosonde. Nach jeder Expedition schleifen die Forscher aus den mitgebrachten Gesteinen hauchdünne Scheiben, um herauszufinden, welche Minerale sich darin befinden, und um Schmelzeinschlüsse freizulegen. In der Elektronenstrahlmikrosondenanalyse werden die Präparate mit Elektronen beschossen. Die Mikrosonde misst die dabei entstehende Röntgenstrahlung und erkennt, welche chemischen Elemente enthalten sind.

Was übrig bleibt, taucht hinunter in den Erdmantel. Ein globaler Stoffkreislauf, der bisher nur in Ansätzen verstanden ist und für den es bisher nur vereinzelte thermodynamische oder numerische Modelle gab. Wir haben jetzt erstmals Messergebnisse, harte Daten, mit denen man solche Modelle überprüfen und anpassen kann.

Wenn Sie in 6000 Meter Höhe auf einem Vulkan Gesteine untersuchten: Hatten Sie dabei je das Gefühl, im Grunde ein Stück des Meeresbodens in der Hand zu halten?
HW: Nein, das Gefühl hatte ich nie – auch wenn es eine schöne Vorstellung ist. Einzelne Atome oder Moleküle der erkalteten Magma waren früher tatsächlich einmal Teil des Meeresbodens. Er bildet ein wichtiges Puzzleteil im globalen Stoffkreislauf. Und im Ozean vor Chile finden sich ganz andere Elementzusammensetzungen als in Zentralamerika – was wichtig ist für die Klima-Auswirkungen der Vulkane und die Übertragung unserer Ergebnisse auf andere Subduktionszonen.

Konnten Sie auch etwas über künftige Vulkanausbrüche herausfinden?
SK: Für Zentralamerika haben wir anhand der Aschelagen in den Bohrkernen eine sogenannte Tephrostratigrafie erstellt: eine Zeitreihe aller Vulkanausbrüche der letzten 200.000 Jahre, bei der sich manche Eruptionen zeitlich überlappten. Zuvor wurden Ausbrüche isoliert betrachtet, aber mehrere Ausbrüche in einer Region wirken sich stärker auf das Klima aus. Diese Zeitreihen schreiben wir in die Zukunft fort. Für einzelne Vulkansysteme können wir so vorhersagen, wie wahrscheinlich es ist, dass ein Vulkan wieder ausbricht und wie stark die Eruption wird. Je näher ein Ausbruch rückt, desto klarer werden die Signale, die von den Behörden vor Ort gezielt beobachtet werden können: Der Vulkan gast stärker aus, zeigt Veränderungen in der seismischen Aktivität, die Temperatur seiner austretenden Dämpfe steigt an…

Und? Wo droht der nächste Vulkanausbruch?
SK: Zum Beispiel in Nicaragua. Dort gab es in den letzten 25.000 Jahren genau 13 große, Plinianische Eruptionen. Bisher hatte

Unten links: Ein Olivinkristall mit Schmelzeinschlüssen. Wenn in einem Vulkan Magma aufsteigt, kristallisiert das Mineral Olivin. Winzige Tropfen geschmolzenen Gesteins werden dabei eingeschlossen. Darin sind Volatile aus der Subduktionszone wie Wasser, Kohlendioxid, Schwefel und Chlor gespeichert. Der Kristall ist etwa 0,3 Millimeter groß.

Unten rechts: Moderne Kunst? Die Aufnahme aus einem petrografischen Mikroskop zeigt einen Dünnschliff basaltischer Lava vom Volcán Azul an der Karibikküste Nicaraguas. Verschiedene Kristalle leuchten im gekreuzt polarisierten Licht des Mikroskops in bunten Interferenzfarben. Zu sehen sind Klinopyroxen, Plagioklas und Eisen-Titan-Oxide mit eingeschlossenen Schmelztröpfchen.

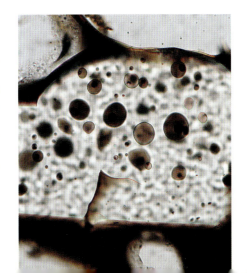
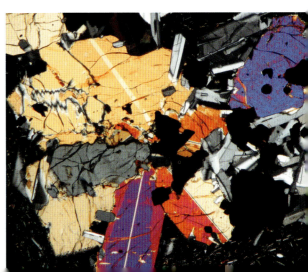

> **WIR WISSEN NUN, WELCHE MASSE IN DEN VERGANGENEN 200.000 JAHREN AN ALLEN VULKANEN IN MITTELAMERIKA ERUPTIERT WORDEN IST.**

niemand bemerkt, dass sie in jüngster Zeit stärker geworden sind. Der Vulkanbogen Nicaraguas zieht sich quer durch die Hauptstadt Managua, in deren unmittelbarer Nähe vier Vulkane stehen – einer gleich gegenüber der Millionenstadt an einem See. Auch ihre Aktivität wurde bisher eher unterschätzt.
HW: Die Wahrscheinlichkeiten für moderat-kleine Eruptionen liegt für den Vulkan Cerro Negro bei etwa 70 Prozent, für den Vulkan Concepción bei rund 85 Prozent innerhalb der nächsten 10 Jahre. Für „Big Bangs" kommen wir auf eine Eruptionswahrscheinlichkeit von 70 Prozent in etwa 2000 Jahren. Auch kleinere Ausbrüche in Nicaragua können in direktem Umkreis starke Auswirkungen haben. Vor allem in einem so dicht besiedelten Gebiet und da einige der kleinen Vulkanzentren mitten in der Hauptstadt liegen.

Haben Sie die Behörden in Nicaragua gewarnt?
HW: Natürlich, sie haben alle unsere Daten erhalten. Aber das Bewusstsein um die Gefahr ist leider nicht allzu hoch. Niemand möchte gern in Angst und Schrecken leben oder ständig damit rechnen, evakuiert zu werden. Auch wir wollen keine Horrorszenarien verbreiten, aber für die lokalen Behörden sind Vorsorge und richtige Maßnahmen einfacher, wenn die Bevölkerung informiert ist. Oft glauben Menschen, wenn ein Vulkan zehn Jahre lang nicht ausgebrochen ist, sei er erloschen. Sie bauen Häuser, Touristenressorts oder Skigebiete auf oder gar in Vulkanen und machen sich vielleicht nicht bewusst, dass der Berg zuvor alle zwei Jahre ausgebrochen ist. Und dass diese zehn Jahre nur eine Pause sind.
SK: Die wiederkehrenden Zyklen von Vulkanausbrüchen haben uns auf die Spur eines sehr viel größeren, längerfristigen Zusammenhangs gebracht. Ein Zusammenhang, der bisher noch in keinem Lehrbuch zu finden ist.

Und der wäre?
SK: Der Wechsel von Eiszeiten zu Warmzeiten auf der Erde wirkt sich höchstwahrscheinlich auf den Vulkanismus aus.

Was heißt das konkret?
SK: Kalt- und Warmzeiten wechseln auf der Erde in bestimmten Zyklen; die Forschung nennt sie nach ihrem Entdecker Milanković-Zyklen. Während der Kaltzeiten bilden sich Gletscher, die Pole frieren zu und der Meeresspiegel sinkt. Bei einer Warmzeit schmilzt das Eis, dadurch steigt der Meeresspiegel rapide. Wir haben statistisch nachgewiesen, dass ein Zusammenhang besteht zwischen diesem schnellen Anstieg des Meeresspiegels und der Häufigkeit großer Vulkaneruptionen entlang des Pazifischen Feuerrings. Ich habe dafür sämtliche Tiefbohrungen entlang des Feuerrings ausgewertet. Bisher hatte sich niemand die Aschelagen dieser Bohrkerne genauer angesehen. Aber eine Zeitreihe aller Ausbrüche zeigt, dass es zu bestimmten Zeiten überall klare Ausschläge nach oben gab.

Wie erklären Sie sich das?
SK: Wir glauben, dass der steigende Meeresspiegel den Stress im Gestein unterhalb eines Vulkanbogens erhöht, also die Kräfte, die im Erdinneren wirken. Durch das erhöhte Gewicht des Wassers auf die Ozeankruste – wegen des Meeresspiegelanstiegs und der gleichzeitig fehlenden Eisauflast an Land – verändert sich der Druck, der auf die Subduktionszone wirkt, rapide. Wie bei einer Waage: Sinkt der Wasserpegel, verlagert sich der Druck wieder langsam ins Gegenteil. Geht diese Verlagerung schnell, bauen sich in den Erdplatten Spannungen auf. Je nachdem wie biegsam das Gesteinsmaterial ist, hält es das zunächst aus – aber in Zeiten des schnellen Meeresspiegelanstiegs entstehen Brüche und Wegsamkeiten, die eine erhöhte Zahl an großen Vulkanausbrüchen ermöglichen. Den gleichen Effekt haben Kollegen jüngst für mittelozeanische Rücken festgestellt. Dort schwankt der Vulkanismus offenbar ebenfalls mit den Milanković-Zyklen, was unsere Annahme bestätigen würde.

Also noch ein Faktor, der in Sachen Vulkane bisher nicht beachtet wurde?
SK: Genau. Nicht nur die Subduktionszone

Im Kernlager des GEOMAR | Helmholtz-Zentrums für Ozeanforschung Kiel. Jeder Kernbehälter birgt einen Meter Sediment vom Meeresboden. Sie stammen aus den unterschiedlichsten Regionen – von der Arktis über die Tropen bis zum südlichen Polarmeer – und aus Meerestiefen von bis zu 6000 Meter. Das Archiv ist ein nahezu unbegrenztes geologisches Gedächtnis der Erde und für die Forscher ein wertvoller Schatz.

> **MAN KEHRT BEFLÜGELT NACH HAUSE ZURÜCK. MIT GROSSER LUST, DIE SPUREN DER VULKANE IMMER WEITER ZU VERFOLGEN.**

beeinflusst das Klima, sondern das Klima beeinflusst auch die Subduktionszone! Auf so ein Feedback hatten wir im Sonderforschungsbereich zwar gehofft, aber jahrelang war nicht klar, wie sich diese Rückkopplung äußert.

HW: Das sind die Sternstunden der Forschung – denn so ein großes Projekt bringt natürlich auch viele Unsicherheiten und langwierige Auswertungsphasen mit sich, in denen nicht immer klar ist, ob es überhaupt weitergehen wird.

Wie haben Sie es geschafft, in solchen Phasen dennoch Mut und Zuversicht zu bewahren?

HW: Wir konnten zum Glück immer wieder gute Ergebnisse vorweisen. Aber der Spaß an der Arbeit, klasse Kollegen, die Abenteuer bei den Expeditionen und die Faszination sind die stärksten Motivatoren.

SK: Diese Detektivarbeit an Vulkanen ist toll. Man findet stets etwas Neues heraus und bohrt noch ein wenig nach. Mit den SFB-Kollegen haben sich unerwartete Brücken gebildet, die uns weiter brachten. Und auf Tagungen entstehen zig neue Ideen, man kehrt beflügelt nach Hause zurück. Mit großer Lust, die Spuren der Vulkane immer weiter zu verfolgen.

Dr. Steffen Kutterolf hat in Stuttgart Geologie und Paläontologie studiert, für seine Doktorarbeit Gesteine der Karawanken zwischen Österreich und Slowenien untersucht – und nebenher immer wieder halbtags in der Psychiatrie gearbeitet. Im Sonderforschungsbereich 574 erfüllte sich sein Kindheitstraum, als Vulkanologe zu arbeiten. Seine Leidenschaft entdeckte er in der Kombination aus vulkanologischer Land- und Meeresforschung. Steffen Kutterolf war von 2001 bis 2012 Vorstandsmitglied des SFB 574 und ist Wissenschaftlicher Mitarbeiter am GEOMAR | Helmholtz-Zentrums für Ozeanforschung Kiel. Er ist verheiratet und hat vier Kinder.

Dr. Heidi Wehrmann studierte Physikalische Geografie und Geologie an der Universität Saarbrücken und machte ihren Master-Abschluss in Vulkanologie an der Waikato Universität in Hamilton, Neuseeland. Sie begann 2001 als eines der ersten und jüngsten Mitglieder des SFB 574 und promovierte an der Universität Kiel über den rund 60.000 Jahre zurück liegenden Vulkanausbruch der Fontana Tephra in Nicaragua. Ihr wissenschaftliches Interesse liegt vor allem in Gasausstößen explosiver Eruptionen, Magmenentstehung, Zeitreihen und Gefahrenpotenzialen von Vulkanen.

Magmatische Gase bringen einen Lavasee im Vulkan Erta Ale zum Brodeln. Der Erta Ale liegt im Norden Äthiopiens, am Ostafrikanischen Grabenbruch – einer über 6000 Kilometer langen Verwerfungszone, die sich durch einen Teil der Afrikanischen Platte zieht.

„ WIE SICH VULKANAUSBRÜCHE AUF DAS KLIMA AUSWIRKEN,
UNTERSUCHT DIE METEOROLOGIN KIRSTIN KRÜGER.

KLIMA

KLIMA – DAS JAHR OHNE SOMMER

Klimakiller Vulkan. Wenn ein Vulkan so stark ausbricht, dass seine Aschewolke die Stratosphäre erreicht, nennen die Forscher es eine Plinianische Eruption – das Bild zeigt den Ausbruch des Puyehue in Chile am 5. Juni 2011. Namensgeber ist Plinian der Jüngere, ein römischer Gelehrter, der im Jahr 79 nach Christus den Ausbruch des Vesuvs beschrieb, der die Stadt Pompeji unter sich begrub. Heute wissen die Forscher, dass ein solcher Vulkanausbruch auch das Klima beeinflussen kann.

Als am 15. Juni 1991 auf den Philippinen der Vulkan Pinatubo ausbricht, hält die Welt den Atem an. Es ist eine der stärksten Eruptionen weltweit seit Jahrzehnten. Zehntausende werden rechtzeitig evakuiert, fast 900 Menschen sterben, die Umgebung versinkt unter Schlamm- und Aschelawinen.

Doch als das Ereignis längst aus den Schlagzeilen verschwunden ist, machen sich weitere, ungeahnte Folgen bemerkbar – nicht nur auf den Philippinen: Die globale Durchschnittstemperatur sinkt innerhalb weniger Monate um 0,4 Grad Celsius. Erst Jahre später steigt sie wieder. Forscher sind sich einig: Der Vulkan hat das Klima abgekühlt.

Noch dramatischer geht es im Jahr 1816 zu: Bis heute gilt es in Europa und Nordamerika als das „Jahr ohne Sommer". Missernten führen zu Hungersnöten, lokale Wetteraufzeichnungen registrieren Tiefstwerte. Das Wetter inspiriert Mary Shelley zu ihrem Roman „Frankenstein", in dem es mitten im Sommer schneit. Der Grund liegt indes weit entfernt: Im April 1815 ist in Indonesien der Vulkan Tambora ausgebrochen, Zehntausende sind durch die Folgen der Eruption gestorben. Zudem hat der Ausbruch die Durchschnittstemperatur auf der Erde über Jahre um bis zu 0,7 Grad Celsius gesenkt.

Wie sich Vulkane auf das globale Klima auswirken, untersucht die Meteorologin Kirstin Krüger am GEOMAR | Helmholtz-Zentrum für Ozeanforschung Kiel. Was geschieht nach einem Ausbruch in der Atmosphäre? Wie stark muss die Eruption sein, damit sich das Klima ändert? Welche Folgen hätte eine Supereruption? Und was droht in Zukunft?

Um diese Fragen zu beantworten, hat Krüger gemeinsam mit ihrer Kieler Arbeitsgruppe Doreen Metzner und Matthew Toohey sowie Claudia Timmreck vom Hamburger Max-Planck-Institut für Meteorologie nicht nur jüngste Vulkanausbrüche neu untersucht. Erstmals standen ihnen auch exakte Daten von Ausbrüchen zur Verfügung, die bis zu 200.000 Jahre zurück liegen – und die sich möglicherweise nicht nur auf das Klima, sondern auch auf die Ozonschicht und die Nahrungskette auswirkten. Vulkane werden in zukünftigen Klimaprojektionen bisher nicht berücksichtigt. Dabei können sie das Leben auf der Erde entscheidend beeinflussen.

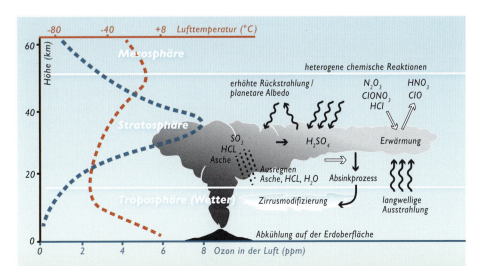

Bei einer Plinianischen Eruption gelangen Schwefelgase in die Atmosphäre. Dort verbinden sie sich mit Wassertröpfchen zu Sulfat-Aerosolen, die sich großflächig in der Stratosphäre verbreiten und das Sonnenlicht abschatten. Oberhalb der Aerosole wird es wärmer, auf der Erde spürbar kühler. In der Stratosphäre kann ein starker Vulkanausbruch die Ozonschicht schädigen, weil Gase wie Chlor und Brom das Ozon in der Luft abbauen.

INTERVIEW MIT KIRSTIN KRÜGER
EINE METEOROLOGIN LÄSST VULKANE AUSBRECHEN

Beim Stichwort Klima denken viele zunächst an die momentane globale Erwärmung. Spielen Vulkane dabei eine Rolle?
Nein, damit haben Vulkane nichts zu tun. Sie würden dem sogar eher entgegen wirken, da Vulkanausbrüche ab einer bestimmten Stärke das Klima abkühlen.

Warum wird es nach einem Vulkanausbruch kälter?
Dafür ist der Schwefel aus dem Vulkan verantwortlich. Bei einem Ausbruch ist es, wie wenn man eine Champagnerflasche schüttelt: Flüssigkeit und Gase schießen mit hohem Druck nach oben. Ist der Druck besonders stark, kommt es zu einem sogenannten Plinianischen Ausbruch – nur diese Ausbrüche können klimawirksam sein. Sie reichen bis in die Stratosphäre in etwa 15 bis 50 Kilometer Höhe; das zweite Stockwerk der Atmosphäre. Ihre Ausbruchswolke hat eine typische Pilzform, fast wie ein Atompilz. Sie breitet sich in der Stratosphäre wie ein Schirm aus, die Schwefelmoleküle verbinden sich dort mit Wassertröpfchen zu Sulfat-Aerosolen: kleinste Partikelchen, die das Sonnenlicht abschatten. So kommt weniger Strahlung am Erdboden an und es wird kühler.

Wird es nach einem solchen Vulkanausbruch auch dunkler?
In mehreren hundert Kilometern Umkreis um den Vulkan schon, dort wird alles grau und düster, ein erschreckender Anblick. Das liegt an der Asche: Die Partikel sind relativ schwer und regnen in dicken Schichten auf die Umgebung ab. Die Abschattung der Erde durch Sulfat-Aerosole ist dagegen nur mit feinsten Messgeräten zu erkennen; zum Beispiel an Bodenstationen, die auf der ganzen Erde verteilt stehen – auch in Hamburg oder Garmisch-Partenkirchen. Nach großen Vulkanausbrüchen wie dem des Pinatubo 1991 zeigen sie stets klare Ausschläge an.

Wovon hängt ab, ob ein Vulkanausbruch das Klima abkühlt oder nicht?
Vor allem von seiner Stärke. Wir haben in unserem Klimamodell den Pinatubo-Ausbruch simuliert, für den sehr genaue Messdaten vorliegen. So konnten wir überprüfen, dass unser Modell korrekt ist. Wir sehen, dass sich die Sulfat-Aerosole in nur drei Wochen entlang des Äquators in der Stratosphäre um die gesamte Erde verteilen. Nach etwa zwei Monaten überziehen sie auch Teile der südlichen Hemisphäre – dort war zu der Zeit Winter, was die Luftströme anzog. Noch einen Monat später ist auch die nördliche Hemisphäre zum großen Teil von Sulfat-Aerosolen bedeckt, und nach fünf Monaten überzieht die Aerosolschicht die gesamte Erde. Erst nach drei Jahren klingt sie wieder ab. Je mehr Schwefel in die Atmosphäre gelangt, desto intensiver wird die Abschattung – sowie die Folgen für das Klima.

Ist so etwas in der Vergangenheit oft vorgekommen?
Ja, immer wieder. Wir interessieren uns dabei vor allem für sogenannte Supereruptionen, bei denen mehr als 1000 Megatonnen Schwefeldioxid frei werden. Zum Vergleich: Beim Pinatubo-Ausbruch waren es gerade einmal 17 Megatonnen Schwefeldioxid. Supereruptionen sind möglicherweise sogar in der Lage, die Erde über Jahrhunderte abzukühlen.

Eine so drastische, lange Abkühlung? Wann ist das zuletzt passiert?
Vermutlich nach der jüngsten Supereruption der Erdgeschichte: dem Ausbruch des Toba vor rund 74.000 Jahren im heutigen Indonesien. Er hinterließ einen gigantischen Kratersee auf Sumatra, der erst Ende der 1980er Jahre als solcher erkannt wurde. Inzwischen

Vulkanausbruch des Stromboli in Italien, hoch über der Wolkendecke. Wie Vulkane das Klima und die Ozeane beeinflussen, haben Kirstin Krüger und ihre Kollegen untersucht. Meteorologen, Vulkanforscher und Meeresforscher haben eng zusammengearbeitet. Ihre Ergebnisse verraten, wie chemische Verbindungen durch Ozeane, Subduktionszonen und Vulkane wandern und von dort aus in die Atmosphäre gelangen. Diese steht wiederum in engem Austausch mit den Ozeanen.

> **JE MEHR SCHWEFEL IN DIE ATMOSPHÄRE GELANGT, DESTO INTENSIVER WERDEN DIE FOLGEN FÜR DAS KLIMA.**

Links: Ein Vulkanausbruch aus dem All gesehen. Am 19. September 1994 brach der Vulkan Tavurvur in Papua-Neuguinea mit solcher Wucht aus, dass die Aschewolke bis zu 30 Kilometer hoch stieg. Die Ausbreitung in der Stratosphäre wurde von einer Raumfähre der NASA aus fotografiert.

Unten: Simulation des Ausbruchs des Yellowstone-Vulkans vor 640.000 Jahren in Nordamerika. Mit Computermodellen hat das Max-Planck-Institut für Meteorologie ermittelt, wie sich die Wolke aus Sulfat-Aerosolen (gelb) nach dem Ausbruch verteilte. Die Abbildungen zeigen – in Abstufungen – Tag 2 bis 23 nach der Supereruption.

ist diese Eruption eine der wissenschaftlich am meisten untersuchten. Damals wurden etwa 1000 Megatonnen Schwefeldioxid frei – das weiß man aus Hochrechnungen aus Ascheablagerungen und aus Sulfat-Aerosolen, die sich in Eisbohrkernen aus Grönland fanden. Aus ihnen geht auch hervor, dass sich die Erde damals im Übergang zu einer Eiszeit befand. Ob der Ausbruch des Toba diesen Trend verstärkt hat, wird noch diskutiert.

Was sagen Ihre eigenen Klima-Simulationen dazu?
Claudia Timmreck und ihre Kollegen am Max-Planck-Institut für Meteorologie in Hamburg haben den Toba-Ausbruch neu simuliert, im Rahmen des dortigen Supervulkan-Projekts, wir haben es gemeinsam publiziert. Sie arbeiten dort mit einem komplexen Erdsystemmodell, das nur auf Hochleistungsrechnern läuft, wie sie am Deutschen Klimarechenzentrum in Hamburg stehen. Laut diesen Simulationen nahm die Durchschnittstemperatur auf der Erde nach dem Toba-Ausbruch im ersten Jahr im Maximum um ganze 3 Grad Celsius ab und dauerte mehrere Jahrzehnte an. Andere Forscher kommen sogar auf eine maximale Abkühlung von über 10 Grad.

Sie halten also eine lang anhaltende globale Abkühlung für gut möglich?
Jein, wir können sie zumindest nicht ausschließen. Denn ein oder mehrere Plinianische Vulkanausbrüche hintereinander wirken sich auf die Atmosphäre aus – und diese wiederum verändert die Ozeanzirkulation und die Eisbildung. Da der Ozean sehr träge reagiert, können lange Zeitskalen betroffen sein, in denen das Klima global kälter wird. Die offene Frage ist: Verändert ein Vulkanausbruch das Klima über einen Zeitraum von Jahren bis Dekaden – oder sogar über Jahrhunderte oder Jahrtausende?

Beeinflusst jeder Plinianische Vulkanausbruch das Klima?
Zunächst einmal muss dabei genügend Schwefel frei werden. Und es „hilft", wenn der Vulkan in den Tropen liegt, also zwischen 30 Grad südlicher und 30 Grad nördlicher Breite. Dort herrschen die nötigen Luftzirkulationen in der Stratosphäre, um die Aerosole großflächig zu verteilen. Wir wissen nur von wenigen Ausbrüchen, die in höheren Breiten stattfanden und global klimawirksam waren. Zum Beispiel der Yellowstone-Ausbruch in Nordamerika vor 640.000 Jahren, der am Max-Planck-Institut für Meteorologie derzeit untersucht wird.

Hat es auch in Europa Supereruptionen gegeben?
Nein, aber extrem starke Eruptionen. Zum Beispiel an den sogenannten Phlegräischen Feldern bei Neapel in Italien, vor rund 39.000 Jahren. Inzwischen hat sich dort offenbar neue Magma gebildet, die Region hat sogar das Potenzial für eine Supereruption – wenn auch nicht in naher Zukunft. In ganz Europa hat es in der Vergangenheit viele Plinianische Eruptionen gegeben. Der Vesuv ist das bekannteste Beispiel. Auch die griechische Insel Santorini hat riesige Vulkanausbrüche erlebt, zuletzt vor etwa 3700 Jahren. Oder der Laacher See in der Vulkaneifel westlich von Frankfurt: Er ist im Zuge einer Plinianischen Eruption vor etwa 13.000 Jahren entstanden.

Haben sich diese Vulkanausbrüche auf das Klima ausgewirkt?
Genau das wollen wir noch herausfinden. Bisher wissen wir nicht, wie stark ein aktueller Vulkanausbruch in Europa sein muss, damit er klimawirksam ist. Die Stratosphäre be-

       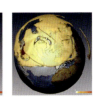

2. Tag   5. Tag   8. Tag   10. Tag   13. Tag   15. Tag   18. Tag   20. Tag   23. Tag

> ER HATTE DAS GEFÜHL, EIN „UNENDLICHER SCHREI"
> GEHE DURCH DIE NATUR. SO KANN MAN ES IM MUNCH-MUSEUM
> IN OSLO NACHLESEN.

ginnt hier schon in 8 Kilometern Höhe, nicht erst in 17, wie in den Tropen, dafür herrschen andere Luftströme in der Stratosphäre. Im Rahmen eines vom Bundesministerium für Bildung und Forschung geförderten Projekts namens MIKLIP wollen wir einen isländischen und einen italienischen Vulkan ausbrechen lassen, gegenwärtig sind das die vulkanisch aktivsten Regionen in Europa. Wir wollen die mittelfristige Klimavorhersage für Deutschland und Europa verbessern – aber auch weltweite Folgen prognostizieren.

Ich hoffe, Sie lassen die Vulkane nur im Modell ausbrechen?
Ja, natürlich. (lacht) Die Ergebnisse wollen wir auch mit der Klimawirksamkeit sibirischer und aleutischer Vulkane vergleichen. Dann haben wir mit unserer Forschung die Tropen, die gemäßigten und die hohen Breiten abgedeckt.

Wie wichtig sind für Sie Überlieferungen vergangener Vulkanausbrüche – wie die des „Jahres ohne Sommer" 1816 in Europa?
Enorm wichtig. Oft sind sie eine hilfreiche Quelle, durch die wir von einem Vulkanausbruch und seinen Umweltauswirkungen wissen – oder mit deren Hilfe sich Aerosolfunde in Eisbohrkernen datieren lassen. Es gibt zum Beispiel das berühmte Gemälde des norwegischen Künstlers Edvard Munch: *Der Schrei*. Er hat es 1893 veröffentlicht – und man ist sich sicher, dass es vom Ausbruch des Krakatau auf Indonesien 1883 beeinflusst war.

Es ist kein reines Werk der Phantasie?
Nein, Munch hat sogar einen Text dazu verfasst: Er habe einen Abendspaziergang mit Freunden gemacht, als der Himmel plötzlich blutrot wurde. „Feuerzungen" seien über der Stadt und dem blau-schwarzen Fjord aufgestiegen. Er habe das Gefühl gehabt, ein „unendlicher Schrei" gehe durch die Natur. So kann man es im Munch-Museum in Oslo nachlesen.

Wie lässt sich das erklären?
Die Sulfat-Aerosole in der Atmosphäre brechen das Sonnenlicht. Dadurch entstehen schillernde Sonnenuntergänge. Nach dem Ausbruch des Tambora 1816 haben die Biedermeier-Maler in Europa noch jahrelang die prachtvollsten Sonnenuntergänge gemalt, die heute fast unwirklich erscheinen – allen voran der englische Landschaftsmaler William Turner. Auch dabei spielten Sulfat-Aerosole eine entscheidende Rolle.

Von Ausbrüchen in prähistorischer Zeit gibt es keine Überlieferungen. Wie sind Sie vorgegangen, um sie zu erforschen?
Wir haben uns im Sonderforschungsbereich 574 auf Zentralamerika konzentriert. Über die Klimawirksamkeit dortiger prähistorischer Vulkanausbrüche wusste man so gut wie nichts. Jetzt gibt es brandneue Ergebnisse der Kollegen um Steffen Kutterolf: Sie haben für alle dortigen bekannten und von ihnen neu detektierten Ausbrüche der vergangenen 200.000 Jahre die frei gewordene Schwefelmenge bestimmt. Noch nie lagen so genaue petrologische, also steinkundliche Daten für eine ganze Vulkankette vor, und selten wurden solche Daten in Klimamodellen verwendet.

Gab es auch eine zentralamerikanische Supereruption?
Oh ja! Vor 84.000 Jahren brach im heutigen Guatemala der Atitlán aus, mit einer Eruption, die den Namen Los Chocoyos bekam. Wir nennen ihn unseren „großen Stinker". (lacht) Der Ausbruch war mit 700 Megatonnen Schwefeldioxidfreisetzung nur wenig schwächer als der des Toba und damit fast eine Supereruption. Heute ist nur die Caldera übrig – ein riesiger Vulkankrater, in dem sich der Atitlán-See und drumherum drei neue Vulkane gebildet haben.

Und? War der Ausbruch mit einer langfristigen Abkühlung verbunden?
Vermutlich nicht – obwohl es laut unseren Simulationen nach der Los Chocoyos-Eruption global gemittelt bis zu 2,5 Grad Celsius kälter wurde. Damals herrschte aber auf der Erde eine Übergangsperiode im Klima, die wir noch genauer untersuchen müssen. Zudem sind Vulkane nur ein Faktor unter vielen, die das Klima beeinflussen. Auch Veränderungen der Erdbahn-Parameter, die Sonnenaktivität, Ozeanströmungen und so weiter spielen eine große Rolle bei prähistorischen

Ganz rechts: Brechung des Sonnenlichts nach einem Vulkanausbruch. Sulfat-Aerosole in der Atmosphäre sorgen für spektakuläre, bunte Sonnenuntergänge. Viele Maler ließen sich nachweislich von diesem Effekt großer Vulkanausbrüche inspirieren

Rechts: Das Gemälde „Der Schrei". Der norwegische Maler Edvard Munch veröffentliche es im Jahr 1893. Zehn Jahre zuvor war in Indonesien der Vulkan Krakatau ausgebrochen. Für Forscher sind solche Bilder und andere Überlieferungen wichtige Hinweise auf Vulkanausbrüche der Vergangenheit.

> **WIR WOLLEN DIE KLIMAVORHERSAGE FÜR DEUTSCHLAND UND EUROPA VERBESSERN – ABER AUCH WELTWEITE FOLGEN PROGNOSTIZIEREN.**

Klimaschwankungen. Uns interessiert derzeit mehr, was heute passieren würde, wenn so ein „Stinker" ausbrechen würde.

Erwartet uns denn eine neue Supereruption?
Wir befinden uns in einer Phase, in der so etwas fast schon wieder fällig wäre. Der Wiederkehr-Wert liegt statistisch im Schnitt bei mehreren Jahrhunderttausenden. Vor allem entlang des Pazifischen Feuerrings kämen Vulkane in Frage, die auch schon früher Supereruptionen hatten. Wie der Atitlán in Guatemala, der Toba in Indonesien oder der Taupo in Neuseeland. Gern wird auch immer wieder das Yellowstone-Vulkansystem genannt. Dort sind aus der Geschichte drei Supereruptionen im Abstand von 600.000 bis 700.000 Jahren bekannt. Die letzte war die sogenannte Lava Creek-Eruption vor 640.000 Jahren. Allerdings deutet zurzeit nichts auf einen bevorstehenden Ausbruch hin.

Links: Rendezvous im Südchinesischen Meer: Das Forschungsschiff „Sonne" und das Flugzeug „Falcon" des Deutschen Zentrums für Luft- und Raumfahrt. Erstmals messen sie zeitgleich Substanzen, die dem Ozean entstammen und das Ozon der Atmosphäre abbauen. Die Ausfahrt SO-218 im Rahmen des EU-Projektes SHIVA fand im November 2011 unter wissenschaftlicher Leitung von Kirstin Krüger und Birgit Quack statt.

Was wären die Folgen einer neuen Supereruption – außer dass es kälter würde?
Laut Modell können sich die Veränderungen auch im Ozean über Dekaden auswirken und damit zum Beispiel zu einer Abkühlung der Meeresoberflächen führen. Das Sonnenlicht ist reduziert, es gibt weniger Niederschlag. Die Eisbedeckung an den Polen breitet sich in Richtung Kontinente aus. Wo die Temperatur unter die Nullgrad-Grenze rutscht, wachsen keine Pflanzen mehr. Bewaldete Regionen verwandeln sich in Grasland oder Steppen. All das kann dramatische Auswirkungen auf die Nahrungskette haben – und damit auch auf Tiere und Menschen.

Kam es in der Vergangenheit zu so drastischen Veränderungen?
Der Ausbruch des Toba gilt schon länger als eine Art genetischer Flaschenhals – ein Ereignis, das zum Aussterben vieler Arten und laut manchem Forscher sogar eines Teils der Menschheit geführt haben kann. Wir haben das ebenfalls untersucht: Claudia Timmreck und ihre Kollegen haben simuliert, wie der Toba-Ausbruch die Vegetation verändert hat. Wir nutzen dafür eine Hierarchie an Klimamodellen, um die Luftzirkulation, die Schwefelchemie in der Stratosphäre, aber auch Faktoren an der Erdoberfläche wie die Eisbedeckung, die Ozeane und die Vegetation zu berücksichtigen.

Zu welchem Ergebnis kommen Sie?
Offenbar gab es nach dem Toba-Ausbruch tatsächlich große Veränderungen in der Pflanzenbedeckung, die für die Menschheit zur Herausforderung wurden. Aber unsere Modellergebnisse zeigen, dass die veränderten klimatologischen Bedingungen allein nicht einen genetischen Flaschenhals erklären können. Das Ergebnis deckt sich auch mit Studien von Anthropologen, die in indischen Höhlen steinzeitliche Werkzeuge gefunden haben – und zwar sowohl aus der Zeit unmittelbar vor dem Ausbruch als auch von unmittelbar danach. Allerdings können wir mit unseren Rechnungen nicht alle kritischen Aspekte abdecken, wie zum Beispiel die Auswirkung vulkanischer Asche auf die Gesundheit oder die Trinkwasserqualität.

Es gibt Wissenschaftler, die den Abkühlungseffekt von Vulkanausbrüchen bewusst einsetzen wollen, um die Erderwärmung aufzuhalten. Die Idee zu dieser Art des Geo- oder Klima-Engineering hatte der Niederländer Paul J. Crutzen, Chemie-

Links: Vom Deck der „Sonne" aus lassen Kirstin Krüger und Susann Tegtmeier Wetterballons aufsteigen. Sie messen den Aufbau der Atmosphäre und senden aus bis zu 30 Kilometer Höhe Daten an das Forschungsschiff.

> **DIE OZONSCHICHT ABSORBIERT EINEN GROSSTEIL DES ULTRAVIOLETTEN LICHTS DER SONNE. SIE IST QUASI DIE „SONNENBRILLE" DER ERDE.**

Nobelpreisträger und Pionier bei der Erforschung des Ozonlochs. Er schlägt vor, einen künstlichen Schirm aus Sulfat-Aerosolen in der Stratosphäre zu erzeugen, um die Sonnenstrahlung abzuschatten. Was halten Sie davon?
Das Geo-Engineering wird heiß diskutiert, aber ich halte den Vorschlag für absolut keine Option. Wir würden chemische Prozesse in Gang setzen, die extrem gefährlich sind. Eine Zunahme von Sulfat-Aerosolen in der aktuellen Stratosphäre reduziert den Ozongehalt dramatisch. Ganz abgesehen von der ethischen Frage, ob wir solche Eingriffe überhaupt vornehmen „dürfen". Dennoch ist so ein simulierter Dauer-Vulkanausbruch wissenschaftlich eine interessante Idee. Die Frage, was dabei passieren würde, stellen wir uns ja auf ähnliche Weise. Und wir können erst auf konkrete Gefahren hinweisen, wenn wir die Folgen kennen – weshalb die Idee von Kollegen durchaus untersucht wird. Um jedoch mit der globalen Klimaerwärmung umzugehen, müssen wir andere Maßnahmen treffen.

Sie sagen, Vulkanausbrüche wirken sich auch auf die Ozonschicht aus. Wie das?
Die Ozonschicht ist Teil der Stratosphäre – sie entsteht durch die Umwandlung von Sauerstoff zu Ozon und absorbiert einen Großteil des ultravioletten Lichts der Sonne. Sie ist quasi die „Sonnenbrille" der Erde. Das Ozon wird durch chemische Reaktionen aber teilweise wieder abgebaut – und inzwischen wissen wir, dass Sulfat-Aerosole aus Vulkanausbrüchen diesen Ozonabbau verstärken.

Woher wissen Sie das?
Vor allem aufgrund von Messungen nach dem Pinatubo-Ausbruch von 1991. Die global gemittelte Dicke der Ozonschicht betrug vor 1980 etwa 300 Dobson-Einheiten, benannt nach dem Erfinder dieser Messungen. Das entspricht 3 Millimetern komprimierten Ozons – unsere Schutzschicht ist also ohnehin sehr dünn. Von einem Ozonloch spricht man bereits bei einer Dicke von 220 Dobson-Einheiten. Aufgrund eines erhöhten Hintergrundgehalts an Chlor, durch den Ausstoß der sogenannten Fluorchlorkohlenwasserstoffe (FCKWs), und bei extrem tiefen Temperaturen kommt es derzeit über der Südhalbkugel jedes Frühjahr dazu. Die niedrigsten globalen Mittelwerte wurden in den 1990ern gemessen, je nach Ort nahm die Dicke der Ozonschicht damals um bis zu 10 Prozent ab. Schuld waren einerseits vom Menschen produzierte FCKWs, aber zu etwa einem Drittel lag es an der Eruption des Pinatubo.

Kann sich die Ozonschicht nach einem solchen Vulkanausbruch wieder erholen?
Ja, allerdings erst nach etwa 6-8 Jahren vollständig – erst dann sind normalerweise auch die letzten Sulfat-Aerosole aus der Stratosphäre gewaschen. Das hat mit der großskaligen Zirkulation in der Stratosphäre zu tun: Luftmassen und Spurengase verweilen dort bis zu 6-8 Jahren.

Der nächste große Vulkanausbruch könnte also in die ohnehin dünner gewordene Ozonschicht zusätzliche Löcher reißen?
Möglicherweise schon. Denn nicht nur Schwefel, sondern auch sogenannte Halogene werden bei einem Ausbruch frei: Elemente wie Chlor, Brom und Jod, die Ozon effektiv abbauen. Chlor und Brom sind auch in den inzwischen verbotenen Halogenkohlenwasserstoffen enthalten, die für Kühlschränke oder Haarsprays verwendet wurden. Direkte Messungen von Halogenen nach Vulkanausbrüchen wurden bisher so gut wie nicht durchgeführt, unter anderem weil die Messtechnik nicht ausgereift genug war. Dank der neuen Arbeit der Kollegen wissen wir, welche Mengen Chlor und Brom bei Ausbrüchen in Zentralamerika frei wurden – zum Beispiel bei der Los Chocoyos-Eruption. Sollte damals nur ein Bruchteil dieser Stoffe in die Stratosphäre gelangt sein, dürfte es ein prähistorisches Ozonloch gegeben haben. Noch ist das Ergebnis unsicher, aber der Faktor Halogene von Vulkanausbrüchen wird in der Ozonchemie bislang kaum berücksichtigt. Ebenso wenig wie der Faktor Ozean.

Der Ozean? Inwiefern wirkt er sich auf die Ozonschicht aus?
Im Ozean gibt es natürliche Chlor-Brom-Jod-Verbindungen, die in die Stratosphäre gelangen können. Zum Beispiel in tropischen Gewitterwolken, die sich entlang des Äquators zu Konvektionstürmen aufbauen und in denen Luftmassen rasend schnell nach oben steigen. Mit diesem „Aufzug" können die Verbindungen innerhalb weniger Stunden bis Tage in die Stratosphäre gelangen. Sie sind sehr kurzlebig, das Tempo ist entscheidend. Diese Stoffe könnten einen natürlichen Anteil am Ozonabbau erklären, den wir zurzeit noch nicht verstehen.

Das erklärt also auch, was eine Meteorologin an einem Institut für Ozeanforschung macht?
(lacht) Der Ozean und die Atmosphäre sind eng miteinander verflochten. Sie berühren

Die Ozonschicht über Südamerika, aus dem Weltall gesehen. Würde man sämtliches Ozon, das sich direkt über einem Ort befindet, zusammenpressen, mäße die Ozonschicht gerade einmal drei Millimeter.

Der Vulkan Poás in Costa Rica. Ätzende Schwefelgase haben das Kraterwasser türkis gefärbt.

> **DIE OZEANFORSCHUNG WAR SEIT MEINER JUGEND EIN TRAUM, EBENSO WOLLTE ICH SCHON IMMER VULKANE ERFORSCHEN. BEIDES IST NUN ZUM GLÜCK IN ERFÜLLUNG GEGANGEN.**

Alles verstanden? Während einer Exkursion in den Conguillío-Nationalpark in Chile erklären die Kieler Geologen den Meteorologen Gesteinsaufschlüsse. Kirstin Krüger steht vor Gesteinen, die sich vor Jahrmillionen am Tiefseeboden abgelagert haben und später aufgrund der Plattenbewegungen an die Oberfläche gehoben wurden.

sich großflächig, stehen in chemischem und physikalischem Austausch und bewirken starke wechselseitige Veränderungen. Aber es ist tatsächlich selten, dass Meteorologen mit Vulkanologen und chemischen Ozeanografen zusammen arbeiten. Das gibt es meines Wissens nach an keinem anderen Institut der Welt. Wir profitieren stark voneinander, schreiben Projektanträge und publizieren sogar gemeinsam. Die Grundlage hat unter anderem der SFB 574 gelegt. Dort haben wir gelernt, uns gegenseitig zu verstehen – was nicht immer einfach war.

Worauf blicken Sie besonders gern zurück?
Die jährlichen Workshops waren die Highlights, vor allem der im November 2010: Wir reisten alle gemeinsam nach Chile in den Vulkan-Nationalpark Conguillío und bekamen die Gesteine und Vulkanaufschlüsse von den Kollegen erklärt. Wir Klimamodellierer mussten anschließend beweisen, ob wir alles begriffen haben. (lacht) Dabei wurde mir wieder einmal klar, wie aufwändig und anstrengend die Feldarbeit ist. Aber die Verbindung zur Natur, zum Meer ist mir sehr wichtig. Wenn zwischen meinen Forschungsfahrten auf See lange Phasen am Computer liegen, gehe ich Regattasegeln. Die Ozeanforschung war seit meiner Jugend ein Traum, ebenso wollte ich schon immer Vulkane erforschen. Beides ist nun zum Glück in Erfüllung gegangen.

Die Privatdozentin (PD) Dr. Kirstin Krüger studierte an der Freien Universität Berlin Meteorologie und promovierte über Transportprozesse in der Stratosphäre. Von 2005 bis 2011 übernahm sie eine Juniorprofessur in Maritimer Meteorologie an der Christian-Albrechts-Universitäts zu Kiel und dem heutigen GEOMAR | Helmholtz-Zentrum für Ozeanforschung Kiel. Sie war Mitglied des SFB 574 und hat als Autorin am jüngsten Ozon Assessment der World Meteorological Organization (WMO) mitgearbeitet. Kirstin Krüger leitet die Forschungsgruppe „Ozean-Mittlere Atmosphäre Wechselwirkungen", in der sie unter anderem den Einfluss großer, explosiver Vulkanausbrüche auf das Klima untersucht.

Ausbruch des Vulkans Kliuchevskoi im russischen Kamtschatka am 30. September 1994, fotografiert von Astronauten der US-Raumfähre „Endeavour". Die Aschewolke stieg bis zu 20 Kilometer hoch und breitete sich weit über den Pazifik aus. Der Vulkan liegt an einer Subduktionszone des Pazifischen Feuerrings.

ERDPLATTEN – DER LEBENDIGE PLANET

Wer sich mit Lars Rüpke unterhält, sollte im Alltag übliche, „normale" Zeitdimensionen vergessen. Dem Geophysiker geht es nicht um die Frage, welche Erdbeben es in den vergangenen 10 Jahren gab oder welche Vulkane in den nächsten 100 Jahren ausbrechen werden. Seine Computermodelle geben Aufschluss über die Dynamik der gesamten Erde, im Laufe von Jahrmillionen. Eine Dynamik, die für Ereignisse wie Erdbeben und Vulkanausbrüche indes von grundlegender Bedeutung ist. Denn an Subduktionszonen schließen sich globale Stoffkreisläufe, die dafür sorgen, dass solche Naturkatastrophen verstärkt auftreten.

Subduktionszonen sind wie gigantische Recyclingfabriken des Planeten. Mit den Erdplatten tauchen all die Stoffe ins Erd-innere ab, die im Gestein und im Ozeanboden gebunden sind – unter anderem Wasser. Doch welche Stoffe sinken wo in welchen Mengen ab, und in welcher Form treten sie wo wieder hervor? Wie wirkt sich dieser Kreislauf auf Erdbeben und Vulkanausbrüche aus – und wie auf den Ozean und die Atmosphäre? Wie haben sich die Erdplatten in der Vergangenheit entwickelt, und wie steht es um ihre Zukunft?

Um das globale Recycling zu verstehen, benötigten Rüpke und sein Team nicht nur leistungsstarke Computer. Sondern vor allem Ideen und Visionen, sowie den Mut, diese konsequent zu Ende zu denken. Unentbehrlich für sie war die enge Zusammenarbeit mit den Kollegen des Sonderforschungsbereichs 574. Von ihnen erhielten sie die Daten, auf denen ihre Modelle basieren. Konkret heißt das: Während andere Forscher auf Schiffsexpeditionen in die Tiefsee vorstießen oder in Südamerika Vulkangipfel erklommen, saßen Lars Rüpke und seine Kollegen meist am Schreibtisch in ihren Kieler Büros. Auf gelangweilte Forscher trifft man dort trotzdem nicht – denn mit ihren Ergebnissen betreten sie ebenfalls Neuland.

Zwischen den Kontinenten. Taucher erkunden die Silfra-Spalte, eine Verwerfung aus Basaltgestein, die sich quer durch Island zieht. Die Nordamerikanische und die Eurasische Platte driften hier auseinander, die Kluft dazwischen weitet sich jedes Jahr um etwa sieben Millimeter. An kaum einem anderen Ort der Erde lässt sich die Bewegung der Erdplatten so eindrucksvoll beobachten.

„ INTERVIEW MIT LARS RUEPKE
EIN GEOPHYSIKER MIT ZUKUNFTSVISIONEN

Sie haben Jahre mit Computermodellen zugebracht. Waren Sie wirklich nie neidisch auf die Kollegen, die zu Exkursionen und Forschungsfahrten um die Welt reisten und mit leuchtenden Augen zurückkehrten?
(Lacht) Manchmal schon ein wenig, aber das ist wohl mein Schicksal: Ich habe schon meine Diplomarbeit über hawaiianische Lavaseen geschrieben und nie einen solchen See zu Gesicht bekommen.

Sie waren nie auf Hawaii?
Nein, bis heute nicht, für meine Arbeit war das nicht notwendig. Auf einem Forschungsschiff war ich ebenfalls noch nie – dort gäbe es für mich auch nicht viel zu tun. Aber ich habe mir in der Vergangenheit oft Nebenprojekte gesucht, in denen ich zum Beispiel auf Vulkane steigen konnte. Einen Vulkan mit eigenen Augen zu sehen, erleichtert das Verständnis vieler Dinge, die zunächst abstrakt wirken. Ich war in Indonesien und im Iran unterwegs, wo es faszinierende geologische Formationen gibt. Mit dem Sonderforschungsbereich 574 war ich am Ende schließlich auch in Chile.

Was reizt Sie an der Computermodellierung?
Mit gefällt, dass man Ideen testen kann, die sonst nur Mutmaßungen bleiben würden. Es gibt in der Geologie immer Grenzen des Messbaren. Man kann nur bis zu einer bestimmten Tiefe in die Erde gucken, hat also nie genügend Daten, um alle Fragen zu beantworten. Da kann die Modellierung helfen: Wir können Datensätze miteinander in Verbindung bringen und überprüfen, ob bestimmte Ideen physikalisch funktionieren oder nicht.

Das haben Sie für Subduktionszonen ausführlich getan. Welche Ideen haben Sie getestet?
Wir wollten am Beispiel von Zentralamerika herausfinden, wie der Vulkanismus entsteht – und warum er in Nicaragua anders ist als in Costa Rica. Die Kollegen um Steffen Kutterolf hatten in der Lava, den Vulkanschmelzen, unterschiedliche chemische Zusammensetzungen gefunden. In Nicaragua enthielten die

Neues Land entsteht. Auf der Hawaii-Insel Big Island quellen heiße Lavaströme aus dem Vulkan Kilauea und ergießen sich bis in den Ozean. Dabei reagiert die heiße Lava mit dem kalten Seewasser; es entsteht ein salzsäurehaltiger, giftiger, weißer Dampf.

Junge Ozeane. Während das Gestein der Kontinente der Erde bis zu 4 Milliarden Jahre alt ist, sind die Ozeanböden nicht älter als 180 Millionen Jahre. Spätestens nach dieser Zeit taucht eine Ozeanplatte unter eine andere Platte ab, eine neue Subduktionszone entsteht – vermutlich weil die Ozeanplatte abkühlte, damit dichter wurde und mitsamt der Sedimentauflast zu schwer war. Im Erdinneren wird der Ozeanboden als Teil des nie ruhenden, globalen Stoffkreislaufs „recycelt".

> **WASSER IST DER SCHLÜSSEL ZUM GLOBALEN VULKANISMUS UND VULKANISMUS IST DER SCHLÜSSEL ZUM WASSERKREISLAUF DER ERDE.**

Kräfte der Erde. An Subduktionszonen führen die Plattenverschiebungen zu extremen Spannungen – die sich in Erdbeben und Landhebungen entladen. Wie sich Subduktionszonen langfristig verändern und welche Rolle das Ozeanwasser dabei spielt, haben Lars Rüpke und sein Team untersucht. Bei einer Exkursion nach Chile konnten sie die dortige Subduktionszone erstmals selbst besichtigen.

Schmelzen zudem mehr Wasser als in Costa Rica. Es war lange nicht klar, warum.

Wie sind Sie vorgegangen, um es herauszufinden?
Vulkanismus entsteht an Subduktionszonen, weil Wasser tief unten aus der abtauchenden Platte austritt und den Schmelzpunkt im darüber liegenden Gestein herabsetzt. Allerdings liegt die Vulkankette in Costa Rica um etwa 50 Kilometer von der nicaraguanischen versetzt. Das Wasser muss dort also an einer anderen Stelle frei werden als unter Nicaragua – das konnten wir im Modell tatsächlich nachweisen. Die nächste Frage war, ob das Wasser andere Stoffe enthält und zu einer anderen chemischen Zusammensetzung der Schmelzen führt. Dabei fiel auf, dass sich vor Nicaragua parallele Brüche durch die abtauchende Platte ziehen. Sie wurden bei einer Ausfahrt des Sonderforschungsbereichs entdeckt. Durch diese Brüche dringt vermutlich Wasser bis in den oberen Erdmantel.

Welchen Unterschied macht es, ob Wasser in den Erdmantel eindringt oder nicht?
Dabei kommt es zu einem Prozess namens Serpentinisierung. Wasser wandelt das Hauptgestein des oberen Erdmantels – Peridotit – chemisch um. Bei 200 bis 500 Grad Celsius und in mehr als 6 bis 8 Kilometern Tiefe entsteht so Serpentinit. Ein Gestein, das sehr reich an chemisch gebundenem Wasser ist. Die These, dass diese Mantelserpentinisierung vor Nicaragua stattfindet, haben wir erstmals 2002 publiziert. Ein Jahr später hat die Sonderforschungsbereichs-Gruppe um César Ranero dann die geophysikalischen Daten dazu in der Fachzeitschrift *Nature* veröffentlicht. Trotzdem hagelte es Kritik. Bis dahin galt es als ausgemacht, dass Wasser zwar in die Sedimente und die Erdkruste eindringt, der Erdmantel aber „trocken" bleibt. Doch die These erklärt den besonders explosiven Vulkanismus, zum Beispiel in Nicaragua. Inzwischen gehört unser Modell zum Mainstream, denn immer mehr Experimente, chemische Analysen und seismische Daten bestätigen es.

Wie können Sie anhand von Computermodellen testen, was tief im Erdinneren passiert?
Wir simulieren die Prozesse dort unten. Zum Beispiel fragten wir uns, was passieren würde, wenn Wasser in den Erdmantel einträte. Dafür haben wir das Druck- und Temperaturgefälle berechnet, das in der Subduktionszone herrscht. Dann ließen wir eine kalte Erdplatte im Modell in die heiße Subduktionszone „abtauchen". Solch ein Prozess dauert in der Natur mehrere Millionen Jahre – bei uns passiert es innerhalb einer Stunde! Für die Frage der Serpentinisierung beobachteten wir, wie sich die abtauchende Erdplatte verhält, sobald der obere Erdmantel 600 Grad heiß wird. Denn Minerale entwässern bei dieser Temperatur. Tatsächlich haben wir diese chemische Reaktion festgestellt – in einer Tiefe, die mit dem vermuteten Ort der Wasserfreisetzungen in Nicaragua übereinstimmt.

Waren Sie überrascht über das Ergebnis?
Nein, wir waren zufrieden. Es zeigt, dass diese Prozesse offenbar wirklich so ablaufen. Wenn man überrascht ist, hat man bei der Modellierung meistens etwas falsch gemacht. (lacht) Wir hatten erstmals ein mechanisches Modell mit einem chemischen Modell verbunden, basierend auf den Ergebnissen der Vulkanologen und der Geophysiker. Das hat wunderbar funktioniert.

Können sich in solche Modelle nicht auch unbemerkt Fehler einschleichen?
Natürlich, jede Software hat Fehler. Die versuchen wir, gemeinsam mit den Kollegen auszumerzen, indem wir bestimmte Dinge von Hand nachrechnen oder Modelle zugrunde legen, die weltweit überprüft wurden. Eine gewisse Restunsicherheit bleibt leider immer. Jedes Modell reagiert auf 30 bis 50 verschiedene Parameter, von denen wir manche selbst nicht genau kennen.

Was sind das für Parameter?
Neben Druck und Temperatur ist zum Beispiel die Rheologie entscheidend: die Frage,

Die Laguna Verde, ein See auf über 4300 Meter Höhe im bolivianischen Teil der Atacama-Wüste. Ein hoher Mineraliengehalt sorgt für seine türkis-grüne Farbe.

> **MAN MUSS NUR EINE BELIEBIGE LANDKARTE ANSEHEN UND FINDET ZAHLLOSE ASPEKTE, DIE WIR NOCH NICHT ERKLÄREN KÖNNEN.**

wie sich ein Gestein über Millionen von Jahren verformt. Ob es eher langsam fließt oder schnell zerbricht. Auch der Wassergehalt und die chemische Zusammensetzung eines Gesteins sind wichtig. Einige dieser Parameter sind nur schwer im Labor zu bestimmen, da über Stunden gewonnene Daten auf die viel langsameren Prozesse im Erdinneren übertragen werden. Manchmal müssen wir diese Parameter so lange variieren, bis unser Ergebnis robust ist.

Sie haben Ihre Arbeit im Sonderforschungsbereich 574 für drei Jahre unterbrochen und in Norwegen geforscht. Was haben Sie dort getan?
Ich habe das Auseinanderbrechen von Kontinenten untersucht und mich an der Suche nach Erdöllagerstätten beteiligt. Dann entwickelte mein Kollege Jörg Hasenclever im Rahmen seiner Promotion ein neues, dreidimensionales Modell für die Abläufe an Subduktionszonen. Man bot mir hier in Kiel eine Stelle im Rahmen des Exzellenzclusters „Ozean der Zukunft" an – und der Sonderforschungsbereich trat in eine neue Phase. Es standen neue Werkzeuge zur Verfügung, um neue Fragen anzugehen. Das hat mich zurück gelockt.

Was für Fragen waren das?
Wir wollten wissen, wie Seewasser durch die Ozeankruste zirkuliert und welche Reaktionen dabei ablaufen. Bisher wussten wir zwar, dass Wasser in die abtauchende Platte eindringt. Aber wo genau, wie viel Wasser es ist, wie viel später frei wird – all das konnten wir bislang nur sehr grob schätzen.

Wieso war das plötzlich anders?
Es lagen neue geophysikalische Daten vor – vor allem aus der Seismik. Sie zeigten genauer als vorher, wo sich das Wasser in der Subduktionszone aufhält. Aber bisher hatte niemand ausgerechnet, was genau an den einzelnen Orten deshalb passiert.

Kein Wunder: Man kann in die Subduktionszone ja nicht hineingucken. Sie haben es trotzdem getan – virtuell?
Ja. Dabei haben wir entdeckt, dass die Serpentinisierung des oberen Erdmantels offenbar mit Erdbebenzonen in Verbindung steht. Viele Subduktionszonen zeigen Bänder von erhöhter Erdbebenaktivität in einer Tiefe von 50 bis 200 Kilometern. Diese Erdbeben scheinen genau dort aufzutreten, wo unsere Modelle den höchsten Wassergehalt im subduzierten Erdmantel vorhersagen. Wir verstehen nun den gesamten Wasserkreislauf an einer Subduktionszone viel besser: Wir wissen, wie viel Wasser hinein geht, wie viel an Vulkanen wieder austritt und wie viel in den tieferen Mantel transportiert wird.

Kann man das in Litern ausdrücken?
Generell ist es so: Die Sedimente, Erdkruste und der Erdmantel unter einem Quadratmeter Meeresboden enthalten durchschnittlich etwa 460.000 Liter chemisch gebundenes Wasser. Welcher Anteil während der Subduktion wieder freigesetzt wird, hängt von der Temperatur ab. Vor Zentralamerika ist die Subduktion relativ warm, aufgrund des geringen Alters der Cocos-Platte, so wird praktisch das gesamte Wasser wieder freigesetzt. Dies führt zu Vulkanismus und zu den Cold Seeps, die auch im SFB erforscht wurden. In kalten Subduktionszonen wie vor Japan wird bis zu einem Drittel des Wassers zurückgehalten und in den tieferen Erdmantel recycelt. Das wiederum erklärt wunderbar, wie die Subduktionszonen mit den großen chemischen Zyklen der Erde in Verbindung stehen.

Das abtauchende Wasser ist also nicht einfach weg?
Nein, es wird Teil des Stoffkreislaufs im Erdinneren. Aber auch dort bleibt es nicht. Es steigt – in Mineralen gebunden – an mittelozeanischen Rücken und vulkanischen Hot Spots wie Hawaii zum Teil wieder auf. Dort wird es durch Aufschmelzprozesse frei und gelangt zurück in die Atmosphäre und in den Ozean. Der große Kreis schließt sich. Es scheint so zu sein: Wasser ist der Schlüssel

Gran Salar, Atacama-Wüste. Die trockenste Wüste der Erde erstreckt sich in Südamerika von der Pazifikküste bis in 7000 Meter Höhe. Sie ist eine indirekte Folge der Subduktionszone Südamerikas: Die Nazca-Platte begann vor rund 60 Millionen Jahren, unter die Südamerikanische Platte abzutauchen und die Anden aufzufalten. Die Landschaft veränderte sich grundlegend, im Regenschatten der Anden bildete sich die Atacama-Wüste.

> **FRÜHER STRITTEN PLUTONISTEN UND NEPTUNISTEN, OB DIE ERDE VON VULKANEN ODER VON MEERESABLAGERUNGEN GEFORMT WURDE. HEUTE WISSEN WIR: SIE HATTEN BEIDE RECHT.**

Plattenverschiebung. Im Laufe der Jahrmillionen hat die Erdoberfläche ihr Aussehen immer wieder verändert. Von oben nach unten: Im Trias vor rund 220 Millionen Jahren begann der Superkontinent Pangaea zu zerfallen. In der Kreidezeit vor rund 105 Millionen Jahren sind die Formen heutiger Kontinente schon zu erkennen. Im Eozän vor etwa 50 Millionen Jahren bilden sich der europäische und der asiatische Kontinent. Ganz unten: Die Erde in ihrer heutigen Form – doch die Kontinente bewegen sich weiter.

zum globalen Vulkanismus und Vulkanismus ist der Schlüssel zum Wasserkreislauf der Erde. Das eine ist nicht ohne das andere möglich.

Ist das eine gänzlich neue Theorie?
Über die Wasserkreisläufe der Erde und die Entstehung der Ozeane haben sich natürlich auch schon andere Wissenschaftler Gedanken gemacht. Wir haben diese Ideen und Konzepte aber weiterentwickelt und den bisher unbekannten Einfluss von serpentinisiertem Mantel quantifiziert. Unsere neuen Ideen zeigen, dass sich die Ozeane durch die Entgasung von Vulkanen ständig neu bilden. Früher stritten die sogenannten Plutonisten und die Neptunisten darüber, ob die Erde eher von Vulkanen oder von Meeresablagerungen geformt wurde. Heute wissen wir: Sie hatten beide recht.

Wird denn durch den weltweiten Vulkanismus dieselbe Menge Wasser frei wie die Menge, die an Subduktionszonen ins Erdinnere verschwindet?
Nein, wir gehen davon aus, dass derzeit mehr Wasser in den Mantel abtaucht als wieder herauskommt.

Wirklich? Das würde ja bedeuten, dass dieses Wasser auf der Erde fehlt. Trocknen die Ozeane etwa langfristig aus?
Das könnte sein. Die Modelle sagen das tatsächlich voraus – und der Meeresspiegel ist über die vergangenen 600 Millionen Jahre immer weiter gesunken. Ganz sicher sind wir noch nicht, die Tendenz kann sich auch wieder ändern. Da aber die Erde langsam abkühlt, bildet sich an den mittelozeanischen Rücken auch weniger neuer Ozeanboden, dort und an den Hot Spots entgast offenbar immer weniger Wasser. Es gibt also tatsächlich einen Netto-Wasserverlust aus den Ozeanen.

Sie erzählen das so lapidar. Aber das ist Ihnen sicher nicht mal so eben beim Abendessen eingefallen, oder?
Nein, beim Duschen. (lacht)

Beim Duschen?
Manchmal ergibt plötzlich alles Sinn. Unsere Forschung entwickelt sich ja schrittweise. Wir stehen im Austausch mit Kollegen, fahren auf Konferenzen, erfahren von neuen Daten und beobachten, in welche Richtung die Forschung geht. Als wir begannen, die Wasserzirkulation zu berechnen, hatten wir sehr viele neue Informationen – und irgendwann machte es klick: So hängt das also alles zusammen!

Was machen Sie nun mit diesem Aha-Moment?
Wir bereiten eine Publikation vor und hoffen, sie in einer renommierten Fachzeitschrift zu veröffentlichen. Es dauert viel länger, eine Idee zu überprüfen, als sie zu haben. Unsere erste Berechnung war in einer halben Stunde fertig. Aber für eine Veröffentlichung müssen wir Literatur einbinden, viele Modelle machen und das Ganze begutachten lassen.

Können Sie mit Ihren Modellen auch in die Zukunft gucken? Wie sich die Erde weiter entwickeln wird?
Einige Kollegen versuchen derzeit herauszufinden, wo sich die nächsten Subduktionszonen bilden werden.

Es bilden sich neue Subduktionszonen?
Ja, die Erde ist ständig in Bewegung und es kommt zu Kollisionen von tektonischen Platten. Stößt eine Ozeanplatte auf eine Kontinentalplatte oder eine andere Ozeanplatte, taucht die schwerere der beiden Platten ab – es entstehen Tiefseegräben, Erdbeben und Vulkanbögen. Früher gab es nur einen Kontinent, dann brach er nach und nach auseinander. Zunächst einmal entsteht am Übergang vom Ozean zum Land dann ein sogenannter passiver Kontinentalrand. Irgendwann werden aber auch passive Kontinentalränder instabil, brechen und die Ozeanplatte taucht ab. Spätestens nach 180 Millionen Jahren – denn es gibt keinen Ozeanboden, der älter ist. Wohingegen die Kontinente bis zu 4 Milliarden Jahre alt sind.

> **SOLCH EIN PROZESS DAUERT IN DER NATUR MEHRERE MILLIONEN JAHRE – BEI UNS PASSIERT ES INNERHALB EINER STUNDE!**

Warum taucht die Ozeanplatte nach dieser Zeit plötzlich ab?
Das ist die 100 Millionen Dollar-Frage! Es gibt bisher kein anerkanntes Modell, das diesen Prozess erklärt. Vielleicht wird der abgekühlte Ozeanboden zu schwer – auch aufgrund der Sedimente, die sich abgelagert haben. In der Erdgeschichte ist das jedenfalls schon häufig passiert.

Wo könnte also die nächste Subduktionszone entstehen?
Möglicherweise an der Ostküste der USA. Dort sind relativ viele Sedimente vom Kontinent auf die Platte erodiert, laut einiger Modelle könnte sie sich bald zu verformen beginnen und brechen. Vor Argentinien gibt es ähnliche Regionen.

Aber es wird erst innerhalb der nächsten Jahrmillionen passieren?
Ja.

Wie beruhigend. Haben Sie auch kurzfristigere Szenarien entwickelt? Die dabei helfen, Vulkanausbrüche oder Erdbeben vorauszusagen?
Nein. Wir helfen zwar zu verstehen, wie es zum explosiven Vulkanismus und zu Erdbeben an Subduktionszonen kommt. Aber wir können nicht in die Prozesse „hineinzoomen". Dafür spielen bei jedem Einzelereignis zu viele verschiedene Faktoren eine Rolle. Es ist wie bei Klima- und Wettervorhersagen: Das Klima der nächsten Jahre zu prognostizieren ist einfacher, als das Wetter der nächsten Woche vorherzusagen.

Haben Sie das Gefühl, den „Puls der Erde" inzwischen genauer zu kennen?
Absolut. Das Verständnis für Subduktionszonen hat sich über die letzten zehn Jahre stark gewandelt. Bücher und Artikel aus den 1990er Jahren dazu sehen noch ganz anders aus als heute. So ahnte man damals noch nichts von erosiven Subduktionszonen – denjenigen, an denen Erhebungen am Meeresgrund die Kontinentalplatte quasi von unten abhobeln. Auch über den Wasserkreislauf war nicht viel bekannt. Heute kennen wir die Veränderungen in der abtauchenden Platte, die Serpentinisierung, die Wasserfreisetzung unter dem Vulkanbogen. Sie sind wesentliche Ergebnisse des Sonderforschungsbereichs 574 und werden auch international mit ihm in Verbindung gebracht.

Deutschland hat also neue Maßstäbe gesetzt in Sachen Naturkatastrophen-Forschung?
Zumindest was Subduktionszonen angeht. Es gab das US-Forschungsprojekt MARGINS, das ähnliche Schwerpunkte hatte und mit dem wir uns wechselseitig inspirierten und antrieben. Aber in den elf Jahren des Sonderforschungsbereichs konnten wir sehr konsistent arbeiten, lange Datenreihen erheben, viele Forschungsfahrten machen und Messstationen aufbauen. Das Verständnis untereinander und der Kontakt zu den Partnern vor Ort wurden immer intensiver – dadurch waren erstaunliche Entdeckungen möglich.

Welchen Fragen wollen Sie sich künftig widmen?
Im Exzellenzcluster „Ozean der Zukunft" wollen wir die geologischen Ressourcen am Meeresboden genauer untersuchen, zum Beispiel: Wie viele Methanhydrate gibt es in der Tiefsee, wie sind sie unter juristischen und ökonomischen Gesichtspunkten zu bewerten? Zudem würden wir gern gemeinsam mit fünf anderen Universitäten herausfinden, wie sich der globale Kohlendioxidhaushalt im Laufe von Eiszeiten verändert hat. Die Wechselwirkungen zwischen der festen Erde

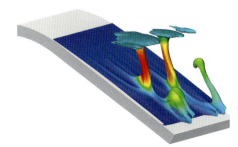

3D-Simulationen der Prozesse in einer Subduktionszone. Aus der abtauchenden Platte wird Wasser frei, das die Dichte des Gesteins im darüberliegenden Mantelkeil verringert. Im Computermodell bilden sich Diapire: Material, das wegen seiner geringeren Dichte Auftrieb bekommt und aufsteigt. Die Simulation bestätigt und vertieft die Ergebnisse der Geologen: In der Subduktionszone steigt Magma auf und verursacht Vulkanismus.

Lavasee im Krater des Nyiragongo, einem Vulkan des Ostafrikanischen Grabenbruchs in der Demokratischen Republik Kongo. Der See liegt etwa 600 Meter unterhalb des Kraterrands. Mit 200 Metern Durchmesser gilt er als der größte Lavasee der Erde. In seiner Diplomarbeit hat Lars Rüpke Computermodelle entwickelt, die errechnen, wie schnell sich Lavaseen abkühlen.

> **DIE WISSENSCHAFT IST AUCH EINE ART HOBBY – BEI DEM ICH STETS 100 PROZENT BEI DER SACHE SEIN MUSS.**

und dem Klima sind erst in Ansätzen untersucht. Generell gibt es noch jede Menge zu tun: Man muss nur eine beliebige Landkarte ansehen und findet zahllose Aspekte, die wir noch nicht erklären können. Das macht diese Arbeit so spannend.

Offenbar haben Sie aber auch ein spannendes Hobby: Ihr Büro ist vollgestellt mit Surfbrettern und Segeln. Denken Sie noch an Ihre Arbeit, wenn Sie auf dem Meer windsurfen? An all das, was sich weit unter Ihren Füßen abspielt?

Die Wissenschaft ist für mich etwas, an dem ich Freude habe. Insofern ist auch sie eine Art Hobby – bei dem ich stets 100 Prozent bei der Sache sein muss. Es geht nicht anders, die Themen sind ständig präsent, man ist immer auf der Suche nach Antworten. Außer auf dem Meer. Beim Surfen kann ich abschalten. Es ist ein wunderbarer Gegenpol.

Prof. Dr. Lars Rüpke ist seit 2007 Professor am GEOMAR | Helmholtz-Zentrum für Ozeanforschung Kiel und der Christian-Albrechts-Universität zu Kiel sowie im Exzellenzcluster „Ozean der Zukunft". Er schrieb seine Diplomarbeit in Marine Geowissenschaften im französischen Brest und promovierte in Kiel über die Auswirkungen der Plattensubduktion auf die tiefen Wasserkreisläufe der Erde. Seine Mitarbeit im Sonderforschungsbereich 574 unterbrach er von 2005 bis 2007 für einen Forschungsaufenthalt in Norwegen. Lars Rüpke leitet die Forschungsgruppe Meeresbodenressourcen des Kieler Exzellenzclusters „Ozean der Zukunft".

DIE BETEILIGTEN FORSCHER UND MITARBEITER DES SONDERFORSCHUNGSBEREICHS 574
IN ALPHABETISCHER REIHENFOLGE

TEILPROJEKT-LEITER/INNEN

Prof. Dr. Jan Behrmann
Dr. Paul van den Bogaard
Prof. Dr. Gerhard Bohrmann
Dr. Warner Brückmann
Prof. Dr. Anton Eisenhauer
Prof. Dr. Ernst Flüh
Dr. PD Armin Freundt
Dr. Carl-Dieter Garbe-Schönberg
Prof. Dr. Hans-Jürgen Götze
Dr. Christian Goltz
Prof. Dr. Ingo Grevemeyer
Dr. Karsten Haase
Dr. PD Thor Hansteen
Dr. Christian Hensen
Dr. Petra Herms
Prof. Dr. Kaj Hoernle
Prof. Dr. Astrid Holzheid
Dr. PD Matthias Hort
Dr. Marion Jegen-Kulcsar
Prof. Dr. Achim Kopf
Dr. PD Kirstin Krüger
Prof. Dr. Mojib Latif
Dr. Volker Liebetrau
Dr. Peter Linke
Prof. Dr. Jason Phipps-Morgan
Dr. Peter Raase
Prof. Dr. Wolfgang Rabbel
Dr. César Ranero
Prof. Dr. Gregor Rehder
Prof. Dr. Timothy Reston
Prof. Dr. Lars Rüpke
Dr. Peter Michael Sachs
Prof. Dr. Volker Schenk
Dr. PD Mark Schmidt
Prof. Dr. Hans-Ulrich Schmincke
Prof. Dr. Dethlef Schulz-Bull
Prof. Dr. Erwin Suess
Prof. Dr. Tina Treude
Prof. Dr. Klaus Wallmann
Dr. Wilhelm Weinrebe

WISSENSCHAFTLICHE MITARBEITER/INNEN

Dipl.-Geol. Carina Albrecht
Dr. Ivonne Arroyo
Dr. Nico Augustin
Dr. Rauno Baese
Dr. Oliver Bartdorff
Dr. Jörg Bialas
Dipl.-Biol. Ramon Brentführer
Dr. Lee Bryant
Dipl.-Geol. Cosima Burkert
Dr. Dietmar Bürk
Jin Chen
Dipl.-Phys. Timo Damm
Dr. Anke Dannowski
Dr. Joachim Dengg
Dr. Nilay Dinc
Dr. Yvonne Dzierma
Dr. Noémi Fekete
Dipl.-Biol. Dirk Fleischer
Dr. Matthias Frische
Dr. Kristin Garofalo
Dr. Jacob Geersen
Dr. David Gilbert
Dr. Jürgen Gossler
Dr. Ralf Halama
Dipl.-Geol. Thomas Hammerich
Dr. Rieka Harders
Dr. Jörg Hasenclever
Dr. Folkmar Hauff
Dr. Ken Heydolph
Prof. Dr. Roland von Huene
Dr. Carolin Huguen
Dr. Monika Ivandic
Guillaume Jacques
Dr. Timm John
Dr. Deniz Karaca
Dr. Ingo Klaucke
Dr. Steffen Kutterolf
Dr. Marten Lefeld
Dr. Britta Anna Lissinna
Dipl.-Geol. Mathias Marquardt
Dr. Bert Matzke
Dr. Susan Mau
Dr. Vasileios Mavromatis
Dr. Hela Mehrtens
Dipl-Met. Doreen Metzner
Prof. Dr. Tobias Mörz
Dr. Andreas Mutter
Dr. Thomas Nadler
Dr. Carl Jörg Petersen
Dr. Wendy Planert-Perez
Dr. Maxim Portnyagin
Dr. Stefan Purkl
Dipl.-Biol. Stephanie Reischke
Dipl.-Biol. Lorenzo Rovelli
Dr. Jan Sachau
Dr. Seth Sadofsky
Dr. Heiko Sahling
Dipl.-Biol. Frank Schellig
Dr. Carsten Schirnick
Dr. Sabine Schmidt
Dr. Michael Schnabel
Dr. Florian Scholz
Dr. Emanuel Söding
Dr. Stefan Sommer
Dr. Sally Soria-Dengg
Dipl.-Geogr. Pina Springer
Dipl.-Biol. Philipp Steeb
Cindy Mora Stock
Dr. Francois van der Straaten
Dr. Susanne Straub
Dr. Asrarur Talukder
Dr. Martin Thorwart
Dr. Claudia Timmreck
Dr. Matthew Toohey
Dr. David Völker
Dr. Heidi Wehrmann
Dr. Tamara Worzewski

DIPLOMANDEN/BACHELOR

Sonja Geilert
Heiko Günther
Anja Hartmann
Lisa Ester Hermanns

Kathrin Lieser
Ulrike Lomnitz
Julia Mahlke
Juanita Rausch
Theresa Schaller
Nadine Schattel
Helga Scheef
Jullie Schindlbeck
Tina Schleicher
Kai Schumann
Claudia Siegmund
Karen Strehlow
Michael Weiss
Tim Werner
Florian Wolf
Stefanie Zander

TECHNISCHE MITARBEITER/INNEN

Dr. Fritz Abegg
Bernhard Bannert
Anke Bleyer
Andrea Bodenbinder
Thomas Brandt
Dipl.-Ing. Sergiy Cherednichenko
Dipl.-Ing. Patrik Cuno
Bettina Domeyer
Greg Engermann
Andrew Foster
Tibor Grossmann
Dipl.-Ing. Hannes Huusmann
Sonja Klauke
Dipl.-Ing. Ana Kolevica
Sonja Kriwanek
Arne Meier
Kerstin Nass
Asmus Petersen
Dipl.-Ing. Martin Pieper
Dipl.-Ing. Michael Poser
Wolfgang Queisser
Dagmar Rau
Thorsten Schott
Dipl.-Ing. Patrick Schröder
Ralf Schwarz
Karen Stange
Eric Steen
Klaus-Peter Steffen
Kristina Steffens
Dr. Inken Suck
Regina Surberg
Mario Thöner
Dipl.-Ing. Matthias Türk
Peggy Wefers
Dipl.-Ing. Martin Wollatz-Voigt
Dipl.-Ing. Ulrike Westernströer

GESCHÄFTSZIMMER

Erna Lange
Silke Schenck
Ulrike Schneider
Angelika Thiel

Gruppenfoto beim Abschlusskolloquium des Sonderforschungsbereichs 574 im Mai 2012 in Lübeck. Drei Tage lang tauschten die Forscher Ergebnisse aus, feierten ihr Wiedersehen und schmiedeten Zukunftspläne.

ZUR GESCHICHTE DES BUCHES

Die Stimmung war gut, erleichtert, gelöst. Forscher, Techniker und die Besatzung stießen unter Deck an, jemand drehte die Musik auf – soeben war die letzte Ausfahrt des Sonderforschungsbereichs 574 erfolgreich zu Ende gegangen. Auf dem Forschungsschiff „Sonne" hatten Kieler Wissenschaftler sieben Wochen lang den Tiefseeboden vor der Küste Chiles untersucht. Ihre Funde und Ergebnisse wollten sie nach ihrer Heimkehr am GEOMAR | Helmholtz-Zentrum für Ozeanforschung Kiel und an der Christian-Albrechts-Universität zu Kiel auswerten. Jetzt bestaunten sie die Videoaufnahmen des Tauchroboter-Teams, die per Beamer an eine Leinwand geworfen wurden – und die Bilder, die der mitgereiste Fotograf Bernd Grundmann während der Fahrt gemacht hatte.

„Die Aufnahmen sind einmalig und geben unsere Arbeit genau wieder", schoss es Peter Linke durch den Kopf. Der Meeresbiologe und Fahrtleiter auf der „Sonne" hatte den Sonderforschungsbereich von Beginn an begleitet. Nun besprach er mit Bernd Grundmann die Idee, die Ergebnisse ihrer jahrelangen Arbeit in einem Buch einem breiten Publikum mitzuteilen.

Schnell waren der Sprecher des Sonderforschungsbereichs (SFB), Kaj Hoernle, und der Direktor des GEOMAR, Peter Herzig, als Unterstützer gewonnen. Bernd Grundmann reiste mit den Forschern weiter: in die Vulkanregionen Chiles und durch die Atacama-Wüste. So konnte er einen Großteil des Forschungsbereichs an einer Subduktionszone fotografieren – dort, wo eine Erdplatte unter eine andere abtaucht.

Zurück in Kiel, entwickelte die Designerin Birte Friedländer gemeinsam mit Grundmann das Konzept: Großformatige Fotos und erklärende Grafiken sollten durch spannende Interviews ergänzt werden. Die Wissenschaftler wählten aus, wer von ihnen für welches Kapitel stehen würde.

Befragt wurden sie von der Journalistin und Dokumentarfilmerin Sarah Zierul. In ihren Kurztexten und ausführlichen Gesprächen werden die Reisen und Erkenntnisse der Forscher für den Leser lebendig. Peter Linke bildete die Schnittstelle zwischen Redaktionsteam und Wissenschaftlern, war Motivator und zudem Organisator der finanziellen Seite.

Sämtliche Arbeiten an Konzeption, Layout, Bildern, Grafiken und Texten wurden durch Mittel des GEOMAR, des SFB und des Exzellenzclusters „Ozean der Zukunft" (gefördert durch die Deutsche Forschungsgemeinschaft), sowie der Universität Kiel und durch Sponsoren aus der maritimen Wirtschaft ermöglicht. Der Wachholtz Verlag wurde schließlich gewonnen, um das Buch nach mehr als elf Jahren Forschungsarbeit und fast einem Jahr redaktioneller Arbeit der Öffentlichkeit zu präsentieren. Ihnen allen dankt das Redaktionsteam von Herzen.

Gewidmet ist das Buch Siegfried Linke. Der Architekt, Publizist und Schriftsteller starb, während sein Sohn Peter Linke sich auf Forschungsfahrt vor Chile befand und den Tieftauchtest des Roboters „ROV Kiel 6000" absolvierte. Der Vater hatte Linke stets ermuntert, sein besonderes Wissen in die Öffentlichkeit zu tragen. Das Buch entspringt nicht zuletzt dieser Motivation.

DIE HERAUSGEBER

Dr. Peter Linke ist Meeresbiologe am GEOMAR | Helmholtz-Zentrum für Ozeanforschung Kiel. Linke leitete im Sonderforschungsbereich 574 von 2001 bis 2012 mehrere Teilprojekte zur Erforschung kalter Quellen am Meeresboden. Er arbeitet an der Schnittstelle von Biologie und Geochemie und konzipiert gern mit Technikern und Ingenieuren komplexe Tiefseetechnik. Zuvor untersuchte er nach einem Biologiestudium an der Universität Kiel Umweltveränderungen im Nordatlantik. Seit 1993 ist er Wissenschaftlicher Mitarbeiter am GEOMAR. Peter Linke ist verheiratet und hat zwei Kinder.

Sarah Zierul ist Wissenschaftsjournalistin sowie Autorin und Regisseurin für Fernsehdokumentationen. Sie hat in Köln und Málaga Politik- und Filmwissenschaften studiert und beim NDR in Hamburg ein Programm-Volontariat absolviert. Heute lebt Zierul in Berlin und dreht Dokumentationen über Themen aus Wissenschaft, Politik, Wirtschaft und Umwelt für die Sender ARD, NDR, WDR, ZDF und Arte. Ihre Filme über die Tiefsee (www.laengengrad.de) wurden unter anderem mit dem Axel-Springer-Preis für junge Journalisten und dem Medienpreis der Deutschen Umwelthilfe ausgezeichnet. Im Jahr 2010 erschien ihr Reportage-Buch „Der Kampf um die Tiefsee".

Birte Friedländer ist seit 25 Jahren selbständig im Bereich Design, Redaktion und Fotografie tätig. Nach dem Studium der Betriebswirtschaft war sie viele Jahre im Medien-Bereich für verschiedene Verlage und Unternehmen tätig. Heute widmet sie sich besonders gern der Konzeption und Gestaltung von Büchern. Daneben arbeitet sie im Bereich Werbung und PR sowie an der „greifbaren" Vermittlung naturwissenschaftlicher Themen für Kinder (www.kleinsteins.de). Auch die Entwicklung von Experimentier- und Bastelbüchern, das Design individueller Bücher (www.miss-eden.de) sowie die Entwicklung der touristischen Marke ihrer Heimat-Region (www.dünenmeile.de) liegen ihr am Herzen.

Bernd Grundmann ist freischaffender Fotograf und lebt in der Schweiz. Der gelernte Chemielaborant entschied sich früh, das begonnene Chemiestudium gegen eine künstlerische Laufbahn einzutauschen. In München absolvierte der gebürtige Westfale die Bayerische Staatslehranstalt für Fotografie. Seit Anfang der 1990er Jahre arbeitet er als freischaffender Fotograf am Erscheinungsbild vieler Unternehmen und Institutionen im deutschsprachigen Raum. Anlässlich einer Auftragsarbeit für das GEOMAR entstand während der Forschungsreise SO-210 gemeinsam mit Peter Linke die Idee zu diesem Buch. Weitere Projekte von Bernd Grundmann sind unter www.berndgrundmann.com zu finden.

Herausgeber:
Peter Linke, Sarah Zierul,
Birte Friedländer, Bernd Grundmann

Konzept:
Birte Friedländer, Bernd Grundmann

Fotos:
Bernd Grundmann
sowie weitere Fotos gemäß Bildnachweis

Interviews und Texte:
Sarah Zierul

Redaktion:
Birte Friedländer, Bernd Grundmann
Sarah Zierul

Illustrationen:
Holmer W. Ehrenhauss

Visuelle Konzeption, Layout, Satz:
Birte Friedländer

Printed in Germany

© 2013 Wachholtz Verlag GmbH
und Herausgeber
www.wachholtz-verlag.de

ISBN 978-3-529-05437-2

Bildnachweis:
Alle Fotos: Bernd Grundmann

Ausnahmen:

Titelbild: Toshi Sasaki/gettyimages
Seite 9/Frank Schätzing: Paul Schmitz

Inhaltsverzeichnis: Seite 6 von oben: tomz777/Fotolia, Ollirg/Fotolia, picture alliance/dpa, S.T.A.R.S./Fotolia
S. 7 von oben: GEOMAR, Bernd Grundmann, Vulkanisator/Fotolia, Ian Salas/dpa/picture alliance, photoshot/picture alliance

Kapitel „Überblick": S.12, Pio/Fotolia, S.14, tomz777/Fotolia, S.25, Alexander/Fotolia, S.28 Jürgen Haaks/Uni Kiel
Kapitel „Erdbeben": S.34, Ollirg/Fotolia, S.42, Yvonne Dzierma, S.43, Martin Thorwald, S.46, Yvonne Gabriela Arroyo
Kapitel „Tsunamis": S.54, Tohoku Color Agency/Getty Images, S.57 Paul-Sodamin.at, S. 58-59, Chiatko/Shutterstock, S. 67, picture alliance/dpa, S. 68 euroluftbild/imagebroker/Corbis
Kapitel „Wasser": S. 77, S.T.A.R.S./Fotolia, S. 78, WILDLIFE/M.Hamblin/picture alliance, S. 81, Peter Linke, S. 82, unten links, Tamara Worzewski, unten rechts, Patrick Schröder/GEOMAR,
S. 83, unten links, Tamara Worzewski, unten rechts Thomas Brandt/GEOMAR
Kapitel „Tiefsee": S. 93, 98, 99, 100, 105, GEOMAR, S. 106, Javier Sellanes, Universidad Católica del Norte, Chile
Kapitel „Methan": S. 113, 115, 116, 119, 122, 124, GEOMAR
Kapitel „Vulkane": S. 132, Vulkanisator/Fotolia, S. 135, Armin Freundt, S. 136/137, Byelikova Oksana/Fotolia, S. 139, Kay Hoernle/GEOMAR, S. 140 links, Steffen Kutterolf/GEOMAR, rechts, Kay Hoernle/GEOMAR S. 145, rechts oben, Julie Schindlbeck, mitte, Steffen Kutterolf/GEOMAR, S. 147, Vulkanisator/Fotolia, S. 149, Steffen Kutterolf/GEOMAR, S. 153 Tom Pfeiffer/Volcanodiscovery.com
Kapitel „Klima": S. 156, Ian Salas/picture alliance/dpa, S. 159, TPGimages/picture alliance, S. 160, NASA/VRS, S. 162, DER SCHREI v. Edvard Munch/The Munch Museum/ The Munch Ellingsen Group/ VG Bild-Kuns 2012, S. 163, Smileus/Fotolia, S. 164, Torsten Bierstedt/RF, S. 165, Birgit Quack/GEOMAR, S. 167, 171, NASA/nasaimages.com, S. 168,169 Watchtheworld/Shutterstock
Kapitel „Erdplatten: S. 174, photoshot/picture alliance, S. 176, Dan Lee/Shutterstock.com, S. 177, Karte:GEBCO, S. 187, GEOMAR, S. 188, Tom Pfeiffer/Volcanodiscovery.com,
S.193, Joachim Dengg/GEOMAR

SPONSOREN

- GEOMAR | Helmholtz-Zentrum für Ozeanforschung Kiel

- Sonderforschungbereich SFB 574

- Exzellenzcluster Future Ocean

- Christian Albrechts Universität zu Kiel

- Atermann König & Pavenstedt GmbH & Co. KG, Bremen

- Bornhöft Industriegeräte GmbH, Kiel

- Contiways-Reisen GmbH, Hamburg

- CONTROS Systems & Solutions GmbH, Kiel

- develogic subsea systems, Hamburg

- FMC Technologies, Houston TX

- Forum Energy Technologies UK Ltd, Sub-Atlantic, Houston TX

- K.U.M. Umwelt- und Meerestechnik Kiel GmbH

- Lehnkering Projekts & Logistics, Hamburg

- Nikon Professional Service, Düsseldorf

- Oktopus Gesellschaft für angewandte Wissenschaft, innovative Technologien und Service in der Meeresforschung mbH, Hohenwestedt

- Reederei Forschungsschifffahrt GmbH, Bremen

- Sea & Sun Technology Trappenkamp

- Scholz Ingenieur-Büro GmbH, Fockbeck

> JEDER AUGENBLICK IM LEBEN IST EIN NEUER AUFBRUCH,
> EIN ENDE UND EIN ANFANG, EIN ZUSAMMENLAUFEN DER FÄDEN
> UND EIN AUSEINANDERGEHEN.
> (YEHUDI MENUHIN)